# 강숙향의
## 김치비전

# 강숙향의 김치비전

지은이 | 강숙향

1판 1쇄 발행 2006년 3월 5일
1판 2쇄 발행 2006년 7월 15일

펴낸곳 | (주)북이십일 21세기북스
펴낸이 | 김영곤
책임편집 | 전희경, 박주란
기획 · 진행 | 북케어(www.bookcare.net)
영업마케팅 | 정성진, 안경찬, 최창규, 이희영, 유정희

본문 디자인 | 디박스
표지 디자인 | 디박스
그릇협찬 | 예닮

등록번호 | 제10-1965호
등록일자 | 2000.5.6

주소 | 경기도 파주시 교하읍 문발리 파주출판문화정보산업단지 518-3
전화 | (031)955-2100(대표)
팩스 | (031)955-2151
E-mail | book21@book21.co.kr
http://www.book21.co.kr

값 11,000원
ISBN 89-509-0834-4 13590
* 잘못 만들어진 책은 구입하신 서점에서 교환해드립니다.

가을수향의

# 김치비전

(秘典)

강숙향 저

21세기북스

# 인사말

유해한 먹거리로부터
나와 가족을 지키는 첫 번째는 가정에서 '김치 담그기'입니다.

어느 날 남편이 해외에서 교포가 발행한 요리 책 한 권을 선물했습니다. 함께 들어있던 카드 속의 "작은 선물이지만 나중에 뜻을 이루는데 도움이 되었으면 좋겠다. 잘 보고 이보다 더 좋은 책을 쓸 수 있을 거라 믿어." 라는 글귀와 함께요. 저보다 많은 연륜을 가지고 계신 분의 책이기에 제게 더없이 좋은 선물이었고, 많은 격려가 되었습니다. 그러한 격려와 노력으로 드디어 한 권의 책이 완성되었습니다.

처음 김치 요리책이란 말에 조금은 부담스러웠습니다. 늘 대량으로 김치를 담가왔기에 가정에서 쉽게 담글 수 있는 좋은 방법과 레시피를 찾아야 하는 게 큰일처럼 느껴졌거든요.

김치를 맛있게 담그기 위해서는 배추는 고랭지 배추에 ㅇㅇ산이 좋고, 젓갈은 ㅇㅇ산이 좋으며 마늘은, 고춧가루는 등등 하는 말들은 참 많이 들어왔습니다. 우리의 어머니들께서는 오랜 연륜으로 각자만의 김치 담그는 노하우나 재료 선택기준을 가지고 계시지만 미혼이나 새내기 주부들은 재료 선택하기도 어렵고 김치 담그기도 어려워 담가져 상품으로 나온 김치를 선택하는 경우가 더 많아졌습니다. 그러다 보니 어느새 중국산 김치가 김치의 종주국인 우리나라 김치 시장을 점점 위협하고 있으며, 얼마 전에는 중국산 김치의 납 성분이 국내산 5배가 넘고 기생충알이 있다하여 큰 충격을 주기도 하였습니다.

이 요리책은 김치 담그기가 어렵고 재료를 선택하기 어려운 사람들을 위한 책입니다. 쉬운 레시피, 쉬운 재료, 짧은 시간으로 다양한 김치를 담글 수 있도록 배려했으며, 젓갈 역시

접하기 쉬운 새우젓, 멸치액젓, 생 멸치액젓, 까나리액젓을 주로 사용하였습니다. 그 동안 김치 담그는 일이 힘들게 느껴진 분이라면 기초 과정이라 생각하면서 김치 담그는 일에 즐거움과 보람을 느끼시길 바랍니다. 그런 다음 자신만의 노하우로 발전시켜 보세요.

편하기 위해 하나 둘 찾았던 인스턴트식품, 조리된 식품들이 나와 우리 가족의 건강을 위협하고 있다는 것을 인정하고 우리네 식탁에서 가장 중요한 김치 담그기부터 실천해 보는 건 어떨까요. 유해한 먹거리로부터 나와 우리 가족을 지키는 첫 번째 일이라고 생각하세요.

책이 나오기까지 많은 분들이 도와 주셨습니다.

책을 낼 수 있는 기회를 마련해주신 21세기북스와 갖은 일 처리를 도맡아 해주신 Bookcare 관계자 분들, 그릇을 아낌없이 협찬해 주셨던 자연을 닮은 그릇, 예닮 사장님과 조성희 실장님께 진심으로 감사드립니다. 이러한 작업을 할 수 있는 가능성을 마련해준 한국문화재보호재단 한국의 집 하원철 실장님과 조리실 식구들에게도 항상 감사드리며 또한 가족이라는 든든함이 있었기에 가능했다는 말도 드려야 할 것 같습니다. 작업하는 동안 재료도 구해주시고 많은 배려와 격려를 아끼지 않으셨던 시부모님과 제게 좋은 솜씨를 물려주신 친정 부모님께 마음 깊은 감사드립니다. 많이 챙겨주지 못해도 짜증내지 않고 작업 내내 많은 격려와 도움을 준 남편에게도 진심어린 감사와 사랑을 전합니다. 그리고 이 모든 걸 허락해주신 하느님께 감사드립니다.

강숙향

# 목차

## PART 1
# 사계절 즐기는 김치 0 2 4

사계절 내내 식탁에서 먹을 수 있는 김치입니다

## PART 3
# 싱싱하게 만들어 먹는 즉석김치

현대인의 식생활 변화에 맞추어 즉석에서 만들어 먹는 김치입니다

# 098

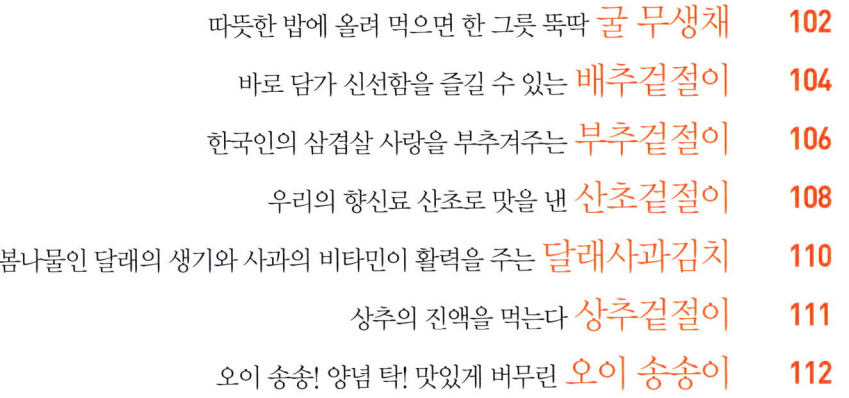

## PART 4

# 건강까지 챙기는 보양김치

맛뿐만 아니라 주재료가 가지고 있는 효능까지 부각시킨 김치입니다

# 114

## PART 6
# 김치로 만든 다양한 별미요리
**김치를 여러 세대 입맛에 맞게 다양한 스타일로 연출한 김치요리입니다**

160

# 김치이야기

## 김치의 역사

우리나라의 독특한 발효 식품인 김치는 자연환경과 조상의 슬기로운 음식문화에서 비롯되었습니다. 우리 민족은 농경민족으로서 곡물위주의 식생활을 영위하면서 채소를 즐겨 먹었으나 겨울철에는 추운 날씨 때문에 채소의 생산이 어렵고, 따라서 겨울 이전에 생산된 채소를 건조시키거나 소금으로 절여서 저장한 후 먹어야만 했습니다. 하지만 채소는 말리기가 쉽지 않을 뿐더러 영양가와 맛이 없어 불편했습니다. 그래서 소금이 발견된 이후 야채와 어육류를 소금에 절이는 방법이 시도되었으며 채소가 나지 않는 겨울철에 저장성을 높이기 위해 만들어진 것이 바로 김치입니다.

김치에 대한 최초의 기록은 약 3,000년경 전 중국 최초의 시집인 시경(詩經)에서 발견할 수 있습니다. '밭두둑에 외가 열렸다. 외를 깎아서 저를 담가 조상께 바치면 자손이 오래 살고 하늘의 복을 받는다' 는 시 구절이 있는데 여기서 '저(菹)'가 바로 김치를 뜻합니다.
또한, 우리나라의 최초의 문헌으로는 이규보의 동국이상국집(東國李相國集)에 김치 담그기를 '염지(鹽漬)' 라 하였습니다. 즉 김치는 소금물에 담근다는 뜻으로 '지(漬)' 라 하였던 것입니다. 이로 인하여 이후 침채→팀채→딤채→짐채의 명칭 변화를 거쳐 현재의 김치에 이르게 되었습니다.

단순히 소금에 절여 겨울에 대비한 채소저장법이었던 김치는 조선중기 이후 임진왜란 무렵 고추가 유입되면서 18세기 정도에 큰 변화를 나타내게 되었습니다. 고추가 김치의 양념으로 자리 잡기 시작하면서 이전의 담백한 맛의 김치가 조화미로 바뀌었고 젓갈이 다양하게 쓰였습니다. 고추는 긴 겨울동안 채소를 먹기 위해 가공하여 저장하는 김장의 발달을 가져왔으며 특히 김치가 고추의 전래 이후에 현저한 발달을 보임으로써 김장을 담그는 것이 한국인의 식생활 중 가장 중요한 연중행사가 되기에 이르러 오늘날과 같은 김치의 원형을 갖추게 되었습니다. 이렇듯 젓갈을 첨가하고 거기에 고추를 비롯한 마늘, 생강, 갓 등의 각종 향신 조미료를 배합해 산패와 변질을 조절하고 막아온 김치는 우리나라만의 독특한 발효식품이며 조상의 지혜가 배어 있는 음식문화라 할 수 있겠습니다.

김치의 주된 재료가 조선 초기까지 무 → 오이 → 배추의 순이었던 것이 조선 중기 이후에 배추의 사용이 많아지면서 배추 → 무 → 오이의 순으로 변화되었습니다. 배추의 품종 개량이 이루어진 19세기 이후에는 통김치가 대표적인 김치의 유형이 되었으며 가지, 박, 갓, 죽순 등의 채소는 별미김치가 되었습니다. 이 시기에는 고추 양념이 많아지면서 이전의 김치는 백김치로 남게 되었고, 김치 담는 법도 장아찌형, 물김치형, 소박이형, 섞박지형 등으로 다양하게 발달하였습니다.

최근에는 김치의 대량생산이 가능해지면서 포장 김치가 상용화되고 있으며, 김치를 응용한 다양한 음식이 개발되어 점차 세계인과 함께 즐길 수 있는 음식으로 발전하고 있습니다.

## 김치의 영양적 가치

1. 인체에 필요한 염분과 무기질을 함유하여 체액을 알칼리성으로 만드는 중요한 역할을 합니다.

2. 숙성과정 중 미생물은 김치속의 당을 이용하여 칼로리를 낮게 하고 새로운 섬유소를 만들어 김치를 다이어트 식품으로 만들어 줍니다. 식이성 섬유가 위와 장을 자극하여 장기의 운동을 활발하게 하고 소화를 촉진시키며 변비를 예방합니다.

3. 부재료인 젓갈이나 생선류는 질이 좋은 단백질을 보충시켜 줍니다. 김치가 익으면서 새우젓, 멸치젓, 황석어젓 등의 단백질이 아미노산으로 분해되며 뼈도 녹기 때문에 칼슘의 근원이 되기도 합니다.

4. 유산균에 의해 발효가 진행되면서 각종 항생물질과 유기산이 생성되어 부패균과 병원성균의 성장과 증식이 억제되고 다량의 유산균을 섭취하게 됩니다. 따라서 김치는 장속의 변패 미생물의 생육을 억제하고 소화효소 액의 분비를 촉진하여 정장작용을 합니다.

5. 각종 비타민을 공급하는데 특히 비타민 C가 많고 고수, 갓, 무청, 파 같은 녹황색 채소가 많이 섞이면 비타민 A가 많아집니다.

이와 같이 많은 영양적 가치와 훌륭한 맛을 지닌 우리 고유의 전통 발효식품인 김치는 어디에 내놓아도 자랑할 만한 세계적으로 훌륭한 음식이라 할 수 있겠습니다.

## 김치의 맛을 좌우하는 숙성조건

**소금**

숙성 시 소금은 나쁜 미생물의 침입과 번식을 억제해 부패를 방지하며 유효한 미생물을 선택하여 생육하며 번식 시킵니다. 채소의 숨을 죽임으로써 세포와 세포 사이의 성분을 교류시켜 효소작용을 촉진시키며, 김치의 아삭아삭 씹히는 맛을 만들기도 합니다. 따라서 김치 절일 때 쓰는 소금은 마그네슘 함량이 많은 천일염(굵은 소금)을 써야 합니다.

**눌림**

김치를 통에 보관하여 익히는 동안 공기와의 접촉을 막아 채소가 뭉개지는 것(연부현상)을 막기 위해서 담을 때 손으로 눌러주거나 우거지, 쉽게는 랩을 씌워 외부 산소의 침투를 차단해 호기성균의 생육을 억제시킵니다. 이렇게 숙성 발효되는 동안 내염성 젖산균이 번식해 독특한 김치 맛을 이룹니다. 동치미 등 국물 있는 김치를 담글 때에도 김장용 비닐봉투 등을 이용하여 꼭 묶어 숙성시킬 때까지 보관하면 국물이 시원하고 맛이 좋아집니다.

**저온보관**

맛있게 익은 김치를 먹으려면 김치를 담가 하루 정도 실온에 두었다가 냉장고에서 일주일 정도 보관 후 먹습니다. 정상의 온도에서는 정상 젖산균이 빠르게 번식하여 신맛이 강하지만 저온에서는 맛을 좋게 하는 이상 젖산균의 생육이 우세해지기 때문입니다. 김치 냉장고가 있는 가정에서는 먹는 기간이나 보관하고 싶은 기간에 따라 김치 냉장고에 넣으면 됩니다.

**김치독**

최적의 보관용기인 전통항아리 김치 독의 표면에는 미세한 구멍이 있어 과도하게 생성된 이산화탄소 가스를 방출하고 숙성에 필요한 적정량의 산소를 공급해 주는 역할을 하여 발효가 잘 됩니다. 이는 김치만 해당되는 사항이 아니라 우리나라 모든 발효 식품인 간장, 된장, 고추장 등을 담글 때도 최적의 용기가 됩니다.

# 김치의 재료

## 배추

[1] 뿌리부위와 줄기부위의 둘레가 동일하며 길고 뿌리의 절단면이 3cm이하, 무게는 3kg정도가 적당합니다. 속은 완전 결구되어 외엽의 버림이 적고 연한 노랑색(너무 진한 노랑색과 흰색은 피함)을 띠어야 좋은 배추입니다. [2] 내입을 씹을 때 달고 고소한 맛이 나야합니다. [3] 동절기에는 충청도, 전라도 산이, 하절기에는 고랭지, 평창 산이 좋습니다.

**영양정보** 배추는 소화를 촉진시켜주며 침의 분비를 돕고 창자 안에서의 소화와 내장의 열을 내리게 하는 성분을 가지고 있다고 한방에서 말합니다. 또한 칼슘과 식이섬유도 많아 뼈를 튼튼하게 하고 변비를 해결하여 대장암에도 효과적입니다.

## 조선무

[1] 중간 크기(둘레 10cm이하, 길이 20cm)의 단단하고 매끄러운 것을 고릅니다. [2] 뿌리 부분이 푸르스름하고 무청이 싱싱하며 황토 흙이 채 마르지 않은 것이 싱싱합니다. [3] 몸매가 곱고 신선하며 윤택이 있는 것이 좋습니다. [4] 매운 맛이 적고 감미가 있는 것이 좋습니다.

**영양정보** 무에는 비타민 C, 칼슘 등의 풍부한 영양소 외에도 소화효소인 디아스타제가 다량으로 들어있어 소화제로서의 기능이 높습니다. 무는 채를 썰어 조리해야 영양 면에서 더 우수한데, 꿀이나 갱엿을 함께 넣어 푹 끓여 먹으면 목의 통증에 좋습니다.

## 건고추

[1] 태양초가 최상급으로 크기와 모양이 균일한 것을 선택합니다. [2] 색이 선명하고 윤기가 있는 것을 고릅니다. [3] 매운 맛이 나면서 단 맛이 나는 것이 좋습니다. [4] 꼭지 부착상태와 건조 상태가 양호한 것을 고릅니다.

**영양정보** 고추의 매운 맛은 캡사이신때문입니다. 이 매운 맛은 열을 발산하고 땀을 내게 하여 다이어트에 효과적이며, 비타민 C가 많이 함유되어 있어 피부에 탄력과 윤기를 줍니다. 또한 신진대사와 혈액순환이 잘 되도록 도와주는 역할도 합니다.

## 마늘

[1] 크기와 모양이 균일한 육쪽마늘을 고릅니다. [2] 쪽수가 적고 짜임새가 단단하며 알차 보이는 게 좋습니다. [3] 표피가 담갈색 혹은 담적색이여야 하며, 매운 맛이 강해야 좋습니다. [4] 마늘은 김치가 물러지는 연부현상을 막아줍니다.

**영양정보** 마늘은 예부터 양념 이외에 강장 정력식품으로 많이 사용돼 왔으며 혈액의 흐름을 촉진시켜 신진대사를 활발하게 하고 소화를 촉진시키며 살균작용도 함께 합니다. 마늘의 매운 맛을 내는 알리신은 건위, 발한, 냉증, 해독, 구충 등 광범위한 약효를 가지고 있습니다. 마늘을 먹은 다음 나는 냄새 제거에는 우유나 자스민 차가 효과적입니다.

**참고문헌**
장지현 외 11명/한국음식대관, 한국문화재보호재단(2001) | 유정희/시판김치의 소비자 선호도 및 구매형태에 관한 연구(경희대학교/2004) | 워커힐 호텔 직무서 | 유태종, 홍문화/식품사전, 생활한방연구서(상아탑/1990)

**새우젓(육젓)** [1] 새우살이 통통하며 형체가 분명하고 붉은 빛이 나면서 노랗게 삭은 것을 고릅니다. [2] 젓국은 단 맛이 나며 비린내가 나지 않고 고소한 냄새가 나고, 햇 간장 빛과 같은 맑고 붉은 색을 띄어야 좋은 새우젓입니다.

**멸치젓** 멸치젓은 남해안 지방에서 주로 담급니다. 특히 전라도 추자도 멸치젓이 달고 담홍색의 짙은 액체로 유명합니다. 완전히 곰삭으면 비린내도 없고 감칠맛이 나며 주로 김치에 많이 넣어 먹습니다. 시판되는 멸치액젓은 생 멸치젓으로 김치를 담글 때 검고 비린내 나는 것을 방지하기 위하여 물을 넣어 끓여 가공처리한 것입니다. 단백질 발효 식품으로 우리 민족의 중요한 단백질급원 식품이었습니다.

**천일염** [1] 입자가 굵고 보슬보슬한 것이 좋습니다. [2] 정제되지 않은 천일염을 사용하여야 합니다.

**생강** [1] 크기와 모양이 일정하고 섬유질이 적은 것을 고릅니다. [2] 황토 흙에서 재배한 재래종으로 육질이 단단하고 크며, 발이 굵고 넓은 것이 좋습니다. [3] 껍질이 잘 벗겨지고 고유의 매운 맛이 있어 향기가 강하고 독특한 것이 좋습니다.

**영양정보** 디아스타제와 단백질 분해효소가 들어있어 생선회 등과 함께 먹으면 소화를 돕고, 쇼가올의 매운 맛 성분은 병원균에 대하여 강력한 힘을 발휘하여 장티푸스나 식중독균뿐만 아니라 감기에 효과가 큽니다.

**미나리** [1] 줄기를 부러뜨렸을 때 쉽게 부러지고 단 자체가 흐트러지지 않으며 잎이 시들지 않고 윤기가 나는 것이 좋습니다. [2] 뿌리 쪽의 잔털이 적은 것이 질기지 않습니다.

**영양정보** 미나리는 풍부한 비타민과 미네랄 성분을 가지고 있는 알칼리성 식품입니다. 해열, 빈혈에 대한 효과 외에도 몸에 가장 알맞은 약알칼리성 상태로 유지하는 역할을 도와줍니다.

**갓** [1] 잎이 싱싱하고 윤기가 나며 솜털이 까슬까슬하고 색이 짙은 것을 고릅니다. [2] 김장 김치는 청갓을 넣습니다. [3] 동치미에 홍갓을 넣으면 보랏빛이 돌아 식욕을 돋우고 국물 맛도 시원하게 해줍니다.

폐와 가래, 식욕증진에 좋은 갓은 귀와 눈을 밝게 하고 속을 편하게 하며 오래 먹으면 속을 따뜻하게 해줍니다. 기침을 그치게 하고 냉기를 없애며 또한 폐를 통하고 담을 부드럽게 하며 가슴에 이롭고 위를 열어줍니다.

## 부추

부추를 고를 때 잎 끝이 마른 것과 크게 자란 것은 피하며 잎이 가늘고 작은 것을 택합니다.

몸을 덥게 하는 보온효과가 있어 몸이 찬 사람에게 좋으며, 양기초라 하여 스태미나의 결정체라 할 수 있습니다. 또한 비타민 C와 카로틴, 최근에 항암물질루 주목 받고 있는 셀레늄 역시 풍부합니다

## 쪽파

<sup></sup>1 잎의 끝부분이 시들지 않고, 연녹색으로 부드럽고 탄력이 있는 것을 택합니다. 2 길이가 짧고 통통하며, 흰색 줄기부위가 길고 잎 부분도 싱싱한 것을 고릅니다.

파와 같은 독특한 향기가 있고 철분, 비타민 A, C등이 풍부한 채소로, 조기 수확된 것은 김장용으로, 파의 단경기 (2~4월)에 수확된 것은 파의 대용으로 각종 요리에 이용됩니다.

## 배

1 큰 배를 선택하여야 채를 썰기에 편합니다. 2 외관이 깨끗하고 윤기가 나며 육질이 부드럽고 치밀한 것을 선택합니다. 3 단 맛이 강한 신고배가 좋습니다.

배는 소화를 돕고 해열에 효과가 있으며 또한 갈증이 심하거나 술 먹고 난 다음의 소갈증에도 매우 좋은 식품입니다.

## 가지

가지의 보랏빛 색소에 항암효과가 있으며 지방질을 흡수하고 혈관 안의 노폐물을 용해 배출시켜서 혈중 콜레스테롤의 상승을 억제하는 효과가 있습니다.

## 굴

굴에는 철, 구리, 망간, 요오드 등 적혈구를 만드는데 필수적인 미네랄 군이 풍부하게 들어있고 비타민류도 듬뿍 들어있습니다. 소화가 잘 되므로 영양성분이 확실히 흡수되는 이점도 있습니다. 알기닌에 의한 스태미나 증강과 신경을 안정시키는 칼슘의 작용으로 정신안정 역할도 합니다.

# 김치 담그기 전에 꼭 알아두어야 할 것들

김치를 만들기 위한 필수과정입니다. 먼저 읽어봐야 맛있는 김치를 담글 수 있습니다.

## 배추절이기

**재료** 배추(3통, 7kg 정도) **소금물** | 물(17＋1/2컵), 굵은 소금(3컵) **속소금** | 굵은 소금(3컵)

**만들기**

1 **배추 다듬기** 배추는 겉잎을 떼어내어 깨끗하게 다듬어줍니다.

2 **배추 다듬기** 배추뿌리 밑동을 잘라줍니다.

3 **배추에 칼집넣기** 배추 밑동에 길이로 반만 칼집을 냅니다.

4 **배추 반쪼개기** 손으로 조심스럽게 쪼개줍니다.

5 **소금물에 담그기** 배추를 절일만한 통에 물을 넣고 소금을 풀어 녹입니다.

6 **소금물에 절이기** 쪼갠 면이 위로 오게 배추를 담근 후 1/2컵 정도 웃소금을 뿌리고 또 다른 통에 물을 담아 눌러 1시간 정도 절입니다.

7 **속소금 넣기** 소금을 넣기 좋게 숨이 죽으면 소금(1줌, 70g 정도)를 쥐고 배추 안쪽 줄기 쪽으로 깊숙이 뿌립니다.

8 **절인 배추 헹구기** 다시 5시간 정도 더 절인 후 4회 정도 씻어줍니다.

9 **배추 물빼기** 쪼개진 면이 밑으로 가게 한 후 3시간 정도 물기를 빼줍니다.

# 밀가루 풀 쑤기

**재료** 물(2컵), 밀가루(3)

**만들기**

1 **밀가루 풀기** 물(1컵)에 밀가루를 미리 풀어둡니다.

2 **끓은 물에 밀가루 넣고 쑤기** 나머지 물(1컵)을 냄비에 넣고 끓으면 풀어둔 밀가루를 저어가면서 넣어줍니다.
보글보글 끓을 때까지 저어가면서 밀가루 풀을 쑵니다.

3 **거르기** 밀가루 풀이 끓으면서 반투명하게 되면 뜨거울 때 체에 한번 거른 후 식혀서 사용합니다.

**쿠킹포인트**

물김치용 밀가루 풀은 물(2컵)에
밀가루(1)로 위와 같은 방법으로
만듭니다.

# 찹쌀 풀 쑤기

**재료** 물(2컵), 시판용 찹쌀가루(3)

**만들기**

1 **찹쌀가루 풀기** 물(1컵)에 찹쌀가루를 미리 풀어 준비합
니다.

2 **물 끓이기** 물(1컵)을 냄비에 넣고 끓입니다.

3 **찹쌀가루 넣기** 물이 끓으면 1의 찹쌀가루를 조금씩 넣
으면서 거품기로 잘 저어줍니다.

4 **찹쌀 풀 쑤기** 강한 불에서 중간 불로 줄여 보글보글 끓
어오르고 반투명해질 때까지 잘 저어 준 후 식혀서 사용합
니다.

**쿠킹포인트**

찹쌀을 깨끗하게 씻어 충분히 불린 다음 물기를 빼 방앗간에 가서 가루로 내달라고 하면 찹쌀가루를 만들어 줍니다. 냉동보관해 두면 좋아요.

# 김치양념 만들기

**재료** **분량** | 배추 6~7포기  **재료** | 굵은 고춧가루(5컵+1/2컵), 고운 고춧가루(1/2컵), 까나리액젓(300g), 새우젓(150g), 김치육수(2컵), 다진 마늘(200g), 생강(60g), 조미료(5g), 고운 소금(2), 배(1/4개), 양파(1개), 설탕(150g)

**만들기**

1 **재료 준비하기** 양파, 생강, 배는 강판에 갈고 나머지 재료는 분량대로 준비합니다.
2 **고춧가루 불리기** 고춧가루와 김치육수를 섞어 30분 정도 불려둡니다.
3 **양념 섞기** 불려둔 고춧가루에 까나리액젓과 새우젓(새우젓은 손으로 으깨줍니다), 그리고 나머지 양념을 모두 넣고 버무립니다.
4 **보관하기** 적당량씩 덜어 냉동보관합니다(약 5개월간 보관 가능).

# 물김치 국물 만들기

**재료** **분량** | 11컵  **재료** | 물(10컵), 무(200g), 생강(10g), 배(1/2개), 양파(70g), 마늘(20g), 고운 소금(3)

**만들기**

1 **재료 준비하기** 분량에 맞게 재료를 준비합니다.
2 **재료 썰기** 갈기 쉽도록 재료를 적당한 크기로 썰어 갈아둡니다.
3 **체에 거르기** 갈아 둔 재료는 체에 걸러 생수로 내려줍니다.
4 **눌러주기** 마지막에 체에 있는 재료들을 손으로 눌러 즙을 짜냅니다.
5 **간하기** 걸러진 국물에 소금으로 간합니다.
6 **보관하기** 쓰고 남으면 냉동보관하여 사용합니다.

# 김치육수 만들기

**재료** 북어대가리(3개), 다시마(5cm×15cm 1장), 물(5컵)

**만들기**

1 **재료 준비하기** 북어대가리와 다시마를 준비합니다.

2 **찬물에 담그기** 1을 찬물에서부터 담가 끓입니다.

3 **다시마 건지기** 물이 끓기 시작하면 다시마를 건져냅니다.

4 **북어대가리 끓이기** 다시마를 건지고 중간 불에서 15분 정도 더 끓입니다.

5 **체에 거르기** 끓여진 육수는 체에 걸러줍니다.

6 **육수 식히기** 걸러진 육수는 식혀서 바로 사용합니다.

7 **육수 보관하기** 남은 육수는 냉동보관합니다.

**Special tip**

1 모든 김치의 양은 맛을 낼 수 있고 구입하기 용이한 최소, 최적의 단위 양입니다.

2 김치양념과 단 맛의 설탕 양은 여러분의 취향과 입맛에 따라 증감할 수 있습니다.

3 **숙성기간**

① 여름 : 반나절~하루 정도 실내에 두었다가 냉장고에서 최소 5~7일 정도 숙성기간을 갖습니다.

② 겨울 : 2~3일 정도 베란다나 밖에 두었다가 냉장고에서 최소 일주일 정도 숙성기간을 갖습니다.

③ 장아찌는 장을 끓여 붓는 과정을 모두 마치고 최소 일주일에서 15일 정도 경과 후 두고 먹습니다.

④ 숙성기간에는 뚜껑을 자주 열어보지 않는 것이 좋습니다(p14 숙성조건 참조).

# 멸치육수 만들기

**재료** 물(5컵), 멸치(10g), 무(80g), 다시마(10cm×10cm 1장), 대파(1/2대)

**만들기**

1 재료 준비하기 멸치는 내장을 제거하고, 다시마는 젖은 행주로 먼지를 닦아 준비합니다.

2 육수내기 찬물에 준비한 재료를 모두 넣고 강한 불로 끓입니다.

3 다시마건지기 물이 끓기 시작하면 다시마를 건져냅니다.

4 육수내기2 다시마를 건져낸 후 20분~25분 정도 중간 불에서 다시 끓입니다.

5 재료 건져내기 체로 나머지 재료를 건져냅니다.

6 체로 거르기 다 끓인 육수는 체로 한번 걸러 맑은 육수로 받아냅니다.

# 김치찌개용 김치 만들기

**재료** 신 김치 또는 묵은 김치(1kg), 멸치육수(4컵), 물(5컵), 멸치(10g), 무(80g), 다시마(10cm×10cm 1장), 대파(1/2대)

**만들기**

1 재료 준비하기 묵은 김치나 신 김치(반반씩 섞어 사용해도 좋아요)를 멸치육수와 함께 준비합니다.

2 김치썰기 사진과 같이 썰어줍니다.

3 김치 끓이기 썰어둔 김치와 멸치육수를 붓고 강한 불에서부터 끓여, 끓기 시작하면 중간 불로 줄입니다.

4 김칫국물 졸이기 중간 불에서 50분~1시간 정도 끓이면서 국물이 잦아들도록 합니다.

5 담기 용기에 담아 놓고 냉장보관합니다.

# 양념 계량하기

이 책에서 1큰술은 일반 밥숟가락에 수북이 담은 양과 같습니다.

1작은술은 일반 밥숟가락의 1/3정도의 양과 같습니다. 단 액젓과 같이 염분이나 다른 불순물을 포함하고 있는 경우에는 밀도가 높아서 무게가 무겁답니다. 1컵은 200cc기준이며, 일회용 종이컵의 $1\frac{1}{3}$ 정도의 양입니다.

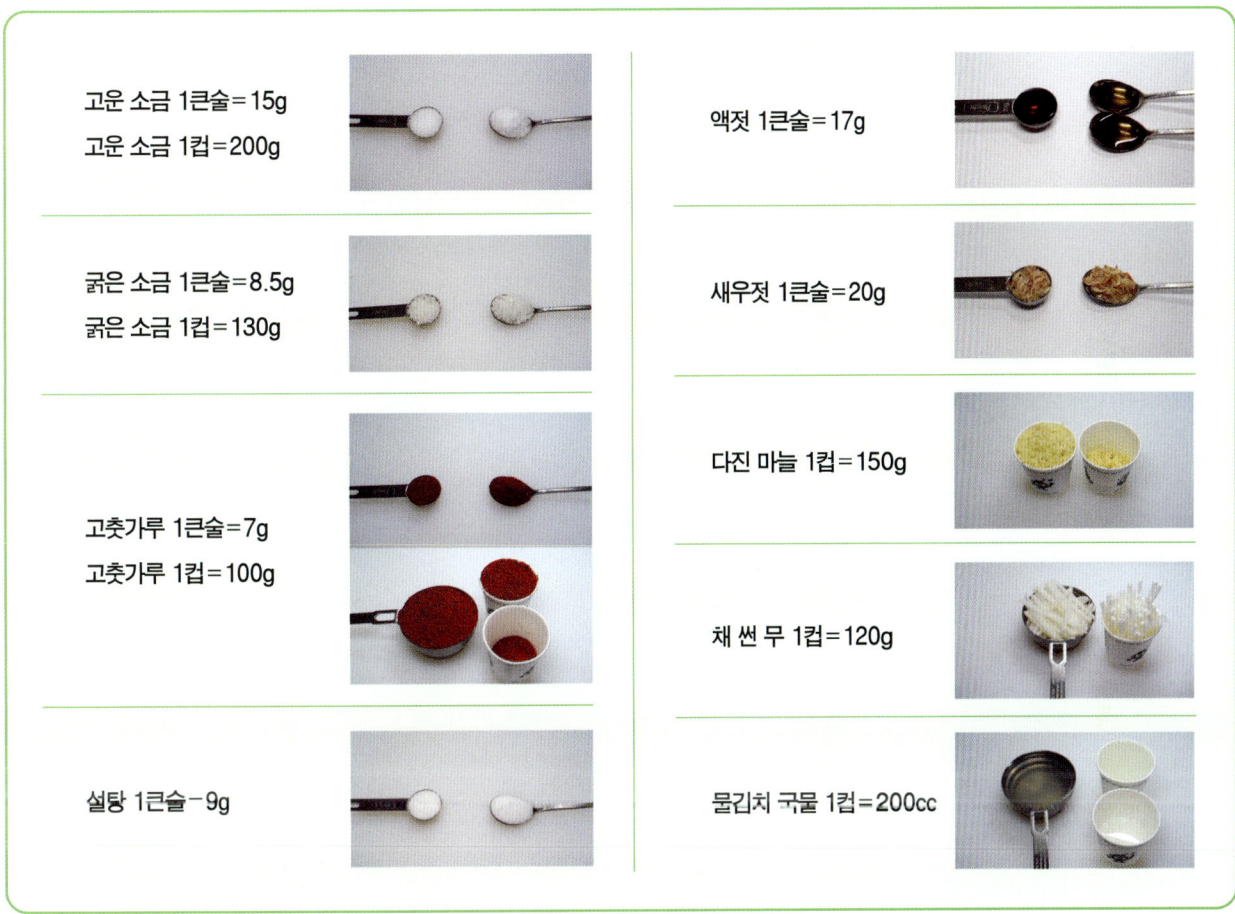

고운 소금 1큰술=15g
고운 소금 1컵=200g

굵은 소금 1큰술=8.5g
굵은 소금 1컵=130g

고춧가루 1큰술=7g
고춧가루 1컵=100g

설탕 1큰술=9g

액젓 1큰술=17g

새우젓 1큰술=20g

다진 마늘 1컵=150g

채 썬 무 1컵=120g

물김치 국물 1컵=200cc

# 재료 계량하기

요즘은 많은 양의 음식을 해 먹지 않기 때문에 대형마트나 재래시장에 가도 원하는 만큼의 소량을 구매할 수 있습니다.

이 책은 김치를 담글 수 있는 최소의 양을 기준으로 하였으며, 아래 계량을 기준으로 합니다.

| 배추 1kg=1/2포기 | 양파 100g=중간 크기 1/2개 | 갓 1kg=약 1단 |
| --- | --- | --- |
| 배추 7kg=3통 | 무 1.2kg=조선무 중간 크기 1개 | 부추 500~600g=약 1단 |
| 양파 150g=큰 크기 1/2개 | 무 700g=1/2개 | 쪽파 1kg=약 1단 |

갓김치 · 갓물 동치미 · 깍두기 · 깻잎김치 · 나박김치 · 롤 보쌈김치 · 백김치 ·
보쌈김치 · 설렁탕깍두기 · 순무김치 · 알타리무김치 · 알타리무 동치미 ·
얼갈이 열무 물김치 · 열무김치 · 오이소박이 · 통 배추김치 · 파김치 · 부추김치

# 사계절 즐기는 김치

사계절 내내 식탁에서 먹을 수 있는 김치입니다

PART 1

# 매콤하고 감칠맛 나는
# 갓김치

친정엄마께서 담가 주신 3년 된 생 멸치젓과 고춧가루를 넉넉하게 넣어 담근 순 전라도식 갓김치입니다. 매콤하면서도 갓 특유의 맛과 향이 독특하고 감칠맛이 나는 게 묵혀서 먹으면 입맛을 돌게 하여 다른 반찬이 필요가 없을 정도예요. 익고 나면 젓갈 냄새가 나지 않는 특징이 있지요.

### 김치재료

**재료** | 붉은 갓(1kg), 쪽파(200g),
절임용 굵은 소금(5)

**양념** | 김치양념(5), 생 멸치액젓(3),
찹쌀 풀(3)

갓김치에 쓰는 갓은 푸른 갓보다
붉은 갓이 좋은데 갓 특유의 톡 쏘는 맛이
더하기 때문이에요.

## 1  갓 손질하여 절이기

갓은 깨끗이 씻은 후 굵은 소금을 뿌려 1시간 정도 절입니다.

## 2  절인 갓 헹구기

절인 갓은 헹구어 소쿠리에 건져 물기를 뺍니다.

## 3  파 다듬기

파는 다듬어 반으로 썹니다.

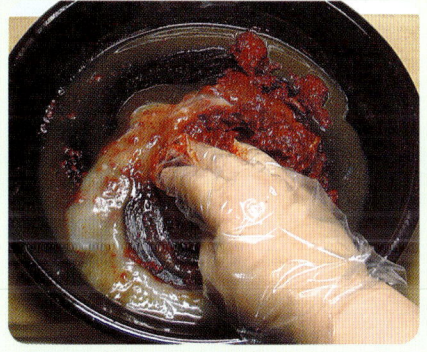

## 4  김치양념 만들기

미리 만들어 둔 김치양념과 분량의 양념을 섞습니다.

## 5  버무리기

만들어둔 김치양념에 갓과 쪽파를 고루 버무립니다.

## 6  담기

보관할 통에 양념한 갓과 쪽파를 먹기 좋게 길게 담아 취향껏 익혀 먹습니다.

돌산갓도 같은 방법으로
담그면 됩니다.

# 국물색이 예뻐 자꾸자꾸 손이 가는
# 갓물 동치미

동치미에 색소를 섞은 것이 아니냐고 종종 오해를 받는데, 이것은 동치미에 붉은 갓을 넣어 숙성 중에 우러나는 빛깔입니다.
갓의 톡 쏘는 맛과 갓에서 우러나온 붉은 색이 미각과 시각을 함께 충족시켜 주는 김치로 살얼음을 동동 뜬 시원한 국물과
아삭한 무를 삶은 고구마와 함께 내면 아주 좋아요.

**김치재료**

**재료** | 무(2kg 2개), 조선무 중간 크기 2개),
붉은 갓(100g), 삭힌 고추(6개), 물김치 국
물(22컵), 굵은 소금 적당량

무는 굵은 소금에 굴려 절여야 간도 딱 맞고 무 속까지 맛있어집니다.

## 1 무 썰기
무는 5cm×4cm 크기와 1cm의 두께로 썰어둡니다.

## 2 무 절이기
굵은 소금에 굴려 1시간 정도 절인 후 3번 정도 헹구어 소쿠리에 건져둡니다.

## 3 부재료 준비하기
붉은 갓은 손질하여 씻은 후 4cm 길이로 썰어둡니다.

**Special tip**

**영양정보 – 동치미**

동치미는 겨울김치를 대표하는 물김치의 종류로 무기질, 비타민, 유기산, 유산균 등을 함유한 천연 건강음료입니다. 동치미와 잘 어울리는 음식으로는 고구마, 팥죽, 떡 등이 있으며, 동치미국물에 국수를 말아 먹어도 맛있습니다. 무가 익으면서 생기는 디아스타제가 소화를 도와주어, 과거에는 소화제 대용으로도 쓰였습니다.

## 4 재료 담기
통에 절여진 무와 붉은 갓과 삭힌 고추를 담습니다.

## 5 국물 붓기
미리 준비해 둔 물김치 국물을 부어줍니다.

삭힌 고추는 재래시장 반찬가게에 가면 쉽게 구할 수 있어요. 직접 삭히기 보다는 사서 하는 게 편해요.

붉은 갓에서 빛깔이 우러나 국물색이 자주 빛일 때 먹습니다. 국물이 간간해야 익어서 맛있습니다.

# 아삭아삭 어느 음식에나 잘 어울리는
## 깍두기

깍두기의 생명은 아삭아삭한 질감과 신맛으로, 뜨거운 국물요리와 잘 어울립니다. 젓갈의 종류와 넣는 부재료에 따라 다양하게 변신할 수 있는 깍두기는 가장 쉽게 담글 수 있는 김치중 하나죠.

김치재료

**재료** | 무(중간 크기 1개), 쪽파(50g)

**양념** | 김치양념(5), 까나리액젓(4)

무는 껍질에 영양소가 많으니 되도록이면
겉을 깨끗이 씻어 껍질과 함께 썰어 담습니다.
단, 여름 무는 껍질에서 쓴맛이 나므로
두껍게 벗겨내는 것이 좋습니다.

## 1 무 썰기
무는 껍질을 수세미로 깨끗이 씻은 후 2cm × 2.5cm 크기로 자릅니다.

## 2 쪽파 썰기
쪽파는 3cm 길이로 자릅니다.

## 3 양념하기
썰어둔 무에 미리 만들어 놓은 분량의 양념을 넣습니다.

### 새우젓깍두기

**Special tip**

까나리액젓 대신 새우젓(2)을 넣고 같은 방법으로 만들어줍니다. 새우젓은 믹서에 갈지 말고 도마에 놓고 다져서 사용합니다.

## 4 1차 버무리기
무와 양념이 고루 섞이도록 버무리는데 이때 손에 힘을 주어 무가 서로 부딪히게 버무립니다.

## 5 2차 버무리기
1차로 버무린 무에 쪽파를 넣고 버무려 완성하며, 간은 까나리액젓으로 맞춥니다.

깍두기 버무릴 때 힘있게 버무려야
양념이 잘 배어 맛이 좋습니다.

# 한국인의 깊은 향을 담은
# 깻잎김치

가장 흔한 채소 중 하나인 깻잎은 싫어하는 사람이 없을 정도로 대표적인 한국인의 향이죠. 어릴 적 할머니께서 잘 담가 주셨는데 며칠 전 새로 이사한 집에 오실 때도 어김없이 깻잎김치를 한 통 가득이 담아오셨어요. 할머니 사랑과 손맛이 느껴지는 김치예요.

**김치재료**

**재료** | 깻잎(200g), 홍고추(2개), 당근(50g), 쪽파(50g), 양파(100g, 중간 크기 1/2개)

**깻잎 절이기** | 물(3컵), 고운 소금(1)

**양념** | 김치양념(4), 김치육수(1/2컵), 멸치액젓(2), 간장(2), 통깨(1)

생깻잎을 이용해도 좋지만 깻잎의 강한 냄새가 부담스럽다면 소금물에 삭혀서 (장아찌 부분 참조) 사용해도 됩니다.

### 1 깻잎절이기

깻잎은 깨끗이 씻어 절이기 분량대로 섞어 30분 정도 절여둡니다.

### 2 깻잎 물빼기

절인 깻잎은 세로로 세워 바구니에 담아 물기를 뺍니다.

### 3 재료 썰기

쪽파는 굵은 것은 길이로 반으로 가르고, 양파는 슬라이스하여 2cm 길이로 썹니다. 당근은 얇게 채 썰고, 홍고추는 반을 갈라 씨를 뺀 후 3등분하여 곱게 채 썹니다.

### 4 양념만들기와 소만들기

김치양념에 김치육수를 붓고 멸치액젓, 간장을 넣고 잘 섞어줍니다. 섞어둔 양념에 썰어둔 3의 재료들을 통깨와 함께 넣고 잘 버무립니다.

### 5 소넣기

깻잎 서너 장을 겹쳐 맨 위 깻잎에 양념한 소를 고루 펴 바릅니다.

깻잎 소를 펴 바를 때는 나중에 소가 부족하지 않도록 분배를 잘해야합니다.

### 6 보관하기

통에 차곡차곡 담아 깻잎에 물이 생겨 간이 밸 정도가 되면(3시간 정도) 냉장보관합니다.

# 시원한 국물 맛이 끝내주는
## 나박김치

나박김치를 처음으로, 김치를 담그기 시작했어요. 막 담글 때는 짜기만 한 국물에 별다른 기대감이 없었는데 익혀서 시원한 국물을 맛본 그때의 기분은 두고두고 자신감으로 남았답니다. 무와 배추를 얄팍하게 나박나박 썰어서 나박김치라고 부르죠. 정월 떡국상이나 죽상에 빠지지 않은 김치입니다. 내기 직전에 오이를 썰어서 함께 내어도 좋습니다.

**재료** | 무(500g), 배추속대(300g, 1/2 포기 분량의 속), 쪽파(30g), 홍고추(1개), 미나리(6줄기), 고춧가루(1), 다진 마늘(1), 다진 생강(0.3), 고운 소금(1), 물김치 국물(5컵)

배추는 한잎 한잎
흐르는 물에 씻어줍니다.

무는 흠이 있으면 흠을 수세미를
이용하여 제거한 후 껍질째 썰어야 영양면에서
좋지만 여름 무는 쓴맛하고 매운 맛이 많이
나므로 껍질을 벗겨서 사용합니다.

# 3 절이기와 부재료 손질하기

손질한 배추와 무는 고운 소금을 넣고 10분 정도 절입니다. 미나리와 쪽파는 3cm 길이로 썰고 홍고추는 반으로 갈라 2등분한 후 곱게 채 썹니다.

# 1 배추 손질하기

배추속대는 반으로 갈라 직사각형 모형의 2.5cm×3cm 길이로 썹니다.

# 2 무 손질하기

배추와 같은 크기로 0.5cm 두께로 납작하게 썹니다.

 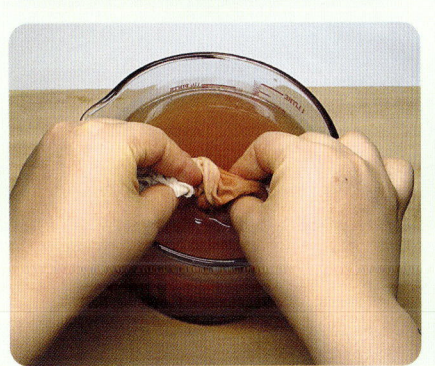 

# 4 재료 섞기

절여진 배추와 무에 채 썬 야채를 넣고 섞어줍니다.

# 5 김칫국물 만들기

면보에 고춧가루와 다진 마늘, 생강을 넣고 기본 물김치 국물에 담가 고춧가루 물을 들입니다.

# 6 김칫국물 붓기

고춧가루 물을 붓고 하루 정도 실온에 둔 후 냉장보관하여 먹습니다.

고춧가루를 그냥 풀면
지저분해지므로 면보나 고운 망에 걸러서
색을 내야 깔끔합니다.

하루 만에 급히 익히려면
미지근한 물을 부어줍니다.

# 롤 보쌈김치

몇 해 전 대형마트에서 주최한 김치 담그기 대회에 참가하여 금상을 수상한 김치입니다. 크고 먹기 부담스럽던 보쌈김치를 먹기 편하도록 작게 만든 꼬마 보쌈김치랍니다. 아이디어는 좋았지만 고부간 출전한 팀에게 아깝게 내주었던 대상인 김치 냉장고가 생각이 나네요.

### 김치재료

**재료** | 절인 배추(1/2포기), 무(300g), 쪽파(3뿌리), 미나리(2줄기), 대추(5개), 밤(3개), 잣(1), 배(1/4개), 굴(100g), 생 오징어(50g)

**양념** | 김치양념(4), 새우젓(1)

**김칫국물** | 물(1/4컵), 새우젓국(2)

무와 배는 채를 썰어야
보쌈을 말때 잘 말립니다.

## 1 재료 준비하기

생 오징어와 굴은 각각 소금물에 흔들어 씻어 두고, 배추는 절인 배추로 준비합니다.

## 2 무 버무리기

무를 채 썰어 김치양념에 버무려 둡니다.

## 3 재료 썰기

대추는 돌려깎아 채 썰고, 밤, 배, 오징어도 채를 썹니다. 실파와 미나리는 3cm 길이로 자르고 절인 배추는 대쪽으로 1/5쪽을 잘라 채 썰어줍니다.

## 4 소 버무리기

2에 굴을 뺀 모든 재료와 새우젓을 다져 함께 버무리다 마지막에 굴을 넣고 살살 버무려줍니다.

## 5 보쌈말기

절인 배추를 한 잎씩 놓고 대쪽 부분에 소를 넣어 말아줍니다.

## 6 담기

돌돌 말은 김치를 통에 차곡히 담고 소를 버무린 그릇에 김칫국물을 만들어 헹군 후 통에 부어줍니다.

오징어와 굴 대신 낙지,
생선살, 전복 등 싱싱한 해산물을
다양하게 넣어 먹어도 좋습니다.

오래두고 먹는 김치가 아니므로 적은 양을
담가 빨리 먹는 게 좋습니다.

시원하고 담백한 맛

# 백김치

대추채나, 석이버섯, 밤 등의 고명 때문에 통 배추김치보다 훨씬 담그기가 쉬우면서도 고급스럽고 귀하게 여겨지는 김치가 바로 백김치입니다. 새우젓과 소금만으로 간을 하여 국물색이 깨끗하며 젓갈냄새가 많이 나지 않아 국물 맛이 깔끔하고 시원하답니다.

🥬 김치재료

**재료** | 배추(3통), 무(1kg, 무채 8컵 정도), 쪽파 (150g), 미나리(70g), 갓(70g), 대추채(30g), 밤(5 개), 불린 석이버섯(5g)

**백김치 국물** | 배(1/2개), 양파(1/2개), 무(150g), 마늘(100g), 생강(20g), 새우젓(100g), 고운 소금(3), 생수(10컵)

## 1 재료 썰기

무, 밤, 돌려깎은 대추, 불려서 손질한 석이버섯은 곱게 채를 썹니다. 갓과 미나리, 쪽파는 깨끗이 손질하여 3~4cm 길이로 자릅니다.

## 2 재료 섞기

썰어둔 재료들과 잣을 한데 넣고 고루 섞습니다.

## 3 김칫국물 만들기

배, 양파, 무, 마늘, 생강, 새우젓을 믹서에 간 후 고운체에 걸러 생수를 부어내리고 소금으로 간을 합니다.

## 4 백김치 소 만들기

2의 재료들과 3의 김칫국물을 한데 섞어줍니다.

## 5 소 넣기

절인 배추 사이사이에 4의 백김치 소를 넣어줍니다.

## 6 보관하기

겉잎으로 잘 싸서 통에 담아 꾹꾹 누른 후 랩을 씌우고 한 번 더 꾹꾹 눌러 익힙니다.

귀한 손님을 위해 정성으로 담근

# 보쌈김치

보쌈김치는 들어가는 재료에 따라 정성이 평가되는 김치입니다. 해산물의 선택이 중요하므로 겨울철에 담가 먹어야 최대한
신선하게 맛볼 수 있습니다. 속을 열어 보일 때 배춧잎을 돌돌 말아 장미꽃잎처럼 해서 내면 다른 장식이 필요 없을 정도로
식탁을 화려하게 만들어줍니다.

김치재료

**재료** | 절인 배추(1/2포기), 무(300g), 쪽파
(3뿌리), 미나리(2줄기), 대추(5개), 밤(3
개), 잣 (1), 배(1/4개), 굴 (100g), 생 오징
어(50g)

**양념** | 김치양념(4), 새우젓(1)

**김칫국물** | 물(1/4컵), 새우젓국(2)

## 1 무 썰어 버무리기

무는 2cm×2cm 크기로 썰어 김치양념에 버무립니다.

## 2 재료 썰기

대추는 돌려깎아 채 썰고, 밤은 납작하게 썹니다. 배는 무와 같은 크기로 채 썰고, 쪽파와 미나리는 3cm 길이로 자르고, 절인 배추는 줄기 쪽을 잘라 채 썰고, 오징어는 채 썰어줍니다.

## 3 배춧잎 준비하기

절인 배추는 대쪽으로 1/3쪽을 잘라 잎은 속을 싸는데 사용하고, 대쪽은 나박나박하게 썰어 속과 함께 버무립니다.

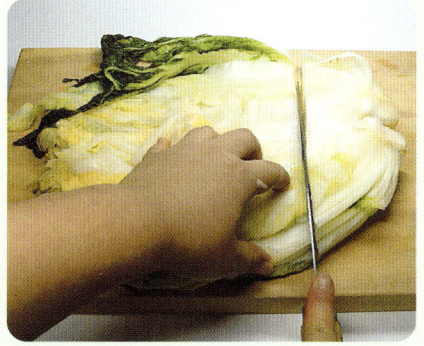

## 4 재료 버무리기

1에 굴을 뺀 모든 재료와 새우젓을 다져 함께 버무리다 마지막에 굴을 넣고 살살 버무립니다.

## 5 보쌈싸기

공기나 사기그릇에 절인 배춧잎이 바닥으로 깔리게 겹쳐 3~4장을 놓고 속을 넣은 다음 덮어줍니다. 절인 배추를 한 잎씩 놓고 대쪽 부분에 소를 넣고 말아줍니다.

## 6 국물 만들기

뒤집어서 통에 담으면 잎 부분이 위로 올라옵니다. 속을 버무린 그릇에 물과 새우젓국물을 넣고 헹구어 통에 붓습니다.

일반 깍두기는 싫다! 뚝배기 전용 깍두기

# 설렁탕깍두기

시어머니와 경동시장에 장보러 가서 먹었던 설렁탕은 따끈한 국물이 일품이었는데 한 가지 아쉬운 게 있었다면 함께 곁들여 나온 깍두기였어요. 넉넉한 크기의 무에 적당히 익혀 시원한 국물과 함께 먹을 수 있는 깍두기가 아닌 작은 크기의 일반 깍두기가 함께 나왔기 때문이죠. 설렁탕에는 뚝배기 전용 깍두기가 제 맛인데 말이죠.

김치재료

**재료** | 무(1.6kg), 사이다(6)

**양념** | 김치양념(5), 우유(3), 고운 소금(1)

사이다는 무에 단맛을 더해 줄 뿐만 아니라
국물에 시원한 청량감을 더해줍니다.

손에 힘을 주고 버무려야
양념이 고르게 잘 배입니다.

## 1 무 썰기
무는 4cm 길이로 썰어 반으로 가른 후 1cm 두께로 썹니다.

## 2 사이다에 절이기
썰어놓은 무에 사이다를 넣고 1시간 정도 둡니다.

## 3 버무리기
2에 우유를 뺀 모든 양념을 넣고 손에 힘을 주어 버무립니다.

**요리정보**

**Special tip**

곰국이 집에 있을 때는 우유 대신 곰국을 넣어도 좋고 닭발육수를 넣어도 좋습니다. 이렇게 단백질 성분이 함유되어 있는 국물을 넣어주어야 김칫국물이 양념과 분리되지 않고 무와 잘 섞여 보기도 좋고 맛도 좋아집니다. 단, 너무 많이 넣으면 무가 물러져 버릴 수 있습니다.

## 4 우유 넣기
양념을 고루 버무린 후 마지막에 우유를 넣습니다.

## 5 보관하기
통에 담아 실온에서 하루 정도 익힌 후 냉장고에 넣어 시원하게 먹습니다.

# 소화효능이 좋은
# 순무김치

저희 집 김치냉장고에는 올 봄에 담근 순무김치가 통에 한가득 담겨 맨 밑자리를 차지하고 있습니다. 강화도의 특산물인 순무는 겨자 향과 단 맛이 나면서 소화 효능이 좋아 얼마 전 수술로 소화능력이 저하되신 시아버님을 위해 시어머님께서 한 가득 담아 종종 상에 내놓으신답니다.

김치재료

**재료** | 순무(2kg), 쪽파(50g)
**양념** | 김치양념(7), 황석어액젓(4)
**김칫국물** | 생수(1/2컵), 고운 소금(1)

순무는 소금에 절이지 않고
담급니다.

황석어젓으로 담가먹어야
맛이 제대로 나지만 없을 때는
까나리액젓을 사용해도 좋습니다.

## 1 순무 썰기
순무는 깨끗이 씻어 길이로 4등분하고, 1cm 정도의 두께로 썹니다.

## 2 순무 버무리기
썰어둔 순무는 김치양념과 황석어젓을 넣어 미리 버무려둡니다.

## 3 쪽파 썰기
쪽파는 다듬어 4cm 길이로 썹니다.

요리정보

### 순무와 일반 무의 차이

무가 하얗고 길쭉하게 생긴 데 비해 순무는 껍질이 보랏빛이고 모양은 팽이모양의 둥근형이며 무보다 단단하고 수분이 적어 맛은 고소하면서 겨자향과 인삼 맛이 납니다. 허준의 〈동의보감〉에서 맛이 달고 오장에 이로우며 소화를 돕고, 종기를 치료한다 하였으며 매운 맛 성분은 항암효과도 있다고 합니다.

## 4 버무리기
미리 버무려둔 순무에 쪽파를 넣고 버무립니다.

## 5 통에 담기와 김칫국물 붓기
순무는 통에 담고 버무린 그릇에 물과 소금을 넣고 남은 양념을 헹구어 김칫국물을 통에 붓습니다.

통째로 들고 베어 먹어야 제 맛

# 알타리무김치

무에 달려있는 잎이 총각들 댕기머리 같다고 하여 총각김치라고도 하죠. 이 김치를 제대로 먹으려면 무청이 달린 채 통째로
그릇에 담아 베어 먹어야 제 맛이랍니다.

김치재료

**재료** | 알타리무(1단, 약 2kg), 붉은 갓(50g), 쪽파(50g)

**절임** | 굵은 소금(2/3컵)

**양념** | 김치양념(5), 생 멸치액젓(3), 찹쌀 풀(3)

**김칫국물** | 물(1컵), 고운 소금(0.5)

046

## 1 알타리무 손질하기

알타리무는 수세미로 표면을 문질러 흙을 깨끗이 씻어낸 후 무와 무청사이의 껍질을 다듬어 큰 것은 반으로 가릅니다.

## 2 알타리무 절이기

그릇에 알타리무를 담고 굵은 소금을 뿌려 3시간 정도 절인 후 3번 정도 물에 헹구어 소쿠리에 담아 물기를 빼줍니다.

## 3 재료 썰기

다듬어 씻은 쪽파와 붉은 갓은 3등분하여 적당한 크기로 썹니다.

## 4 양념만들기

분량의 양념을 넣고 잘 섞어줍니다.

## 5 버무리기

만들어 놓은 양념에 절인 알타리무를 넣고 버무리다가 쪽파와 갓을 넣고 고루 버무립니다.

## 6 담기와 김칫국물 붓기

알타리무는 통에 담고 버무린 그릇에 물과 고운 소금을 넣어 김칫국물을 만든 후 헹구어 통에 붓습니다.

시원하고 아삭한

# 알타리무 동치미

대량으로 담가야 무와 국물이 맛있는 동치미는 요즘 사람들에게는 보관하는 면에서 조금 부담스러운 김치입니다. 보관의 부담도 덜고 아삭한 맛이 좋은 알타리무로 동치미를 담가보세요. 톡 쏘는 시원한 국물로 겨울철 동치미 맛을 여름에 느낄 수 있답니다.

김치재료

**재료** | 알타리무(1단), 고운 소금 적당량

**베주머니 속재료** | 배(1/4개), 대파(1대), 마늘(3쪽), 생강(1톨)

**동치미 국물** | 물(5컵), 고운 소금(4), 설탕(4)

알타리무는 무청 사이사이에
흙이 묻어 쉽게 떨어지지 않으므로 신경 써서
씻어야 합니다.

알타리무는 두세 번 정도 물로 흙을
씻어 낸 후 다듬고 나서
한 번 더 헹군 뒤 소금에 굴립니다.

## 1 알타리무 손질하기

알타리무는 흙이 남아있지 않도록 깨끗이 씻어 칼로 껍질을 긁고 무와 무청 사이를 칼로 도려내 깨끗하게 손질합니다.

## 2 소금에 굴리기

다듬은 알타리무를 고운 소금에 골고루 굴려줍니다.

## 3 통에 담기

2의 알타리무를 통에 가지런히 담아 12시간 정도 절입니다.

## 4 동치미 국물 만들기

냄비에 동치미 국물 재료를 넣고 끓인 뒤 완전히 식힙니다.

## 5 베주머니 만들기

베주머니 속에 준비된 분량의 재료들을 넣어줍니다.

## 6 국물 붓기

3의 통에 베보자기와 식혀둔 동치미 국물을 붓습니다.

일반 물이 아닌 생수를 사용할 경우에는
끓이지 않아도 됩니다.

베보자기 주머니입니다.
베보자기는 재래시장이나
경동시장에서 구입할 수
있습니다.

국수에도 밥에도 좋은, 시원한 국물김치!

# 얼갈이 열무 물김치

국 없으면 식사를 제대로 못하는 분들이 있으시죠? 더운 여름 국물을 넉넉히 만들어 담가먹는 얼갈이 열무 물김치는 국 대용으로도 좋고 살짝 얼려 국수를 말아 먹어도 별미인 일석이조 김치랍니다.

**김치재료**

**재료** | 얼갈이(700g), 열무(600g), 쪽파(50g), 홍고추(3개), 청고추(5개), 고운 소금(2)

**김칫국물** | 물김치 국물(10컵), 홍고추(3개), 밀가루 풀(1컵), 고춧가루(1)

열무는 풋내가 나지 않도록
살살 씻어주세요.

## 1 얼갈이와 열무 손질하기

누런 겉잎은 떼어내고 깨끗이 씻어서 2.5cm 길이로 썹니다.

## 2 절이기

얼갈이 열무에 고운 소금을 뿌린 후 1시간 정도 절입니다.

## 3 재료 썰기

홍·청고추는 길이대로 반 갈라 씨를 떨어내어 송송 썰고, 쪽파는 얼갈이 열무와 같은 길이로 썹니다.

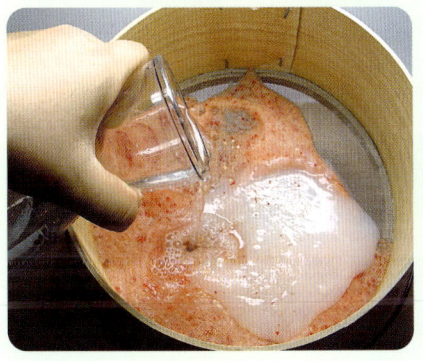

### Special tip

**요리정보**

예전부터 열무김치는 원기를 북돋아주는 보양제로 고혈압, 신경통, 시력저하에 효능이 있는 것으로 전해졌습니다. 영양학적으로는 저열량 식품으로서 당질과 지방질이 낮은 식이섬유 비타민 A, C가 풍부하고 칼슘, 인, 철분 등 무기질 성분이 다량 함유된 고기능성 식품입니다.

## 4 김칫국물 만들기

물김치 국물에 홍고추를 더해서 간 뒤 고춧가루, 밀가루 풀과 함께 물을 부어 고운체에 내립니다.

## 5 김칫국물 붓기

절여둔 얼갈이 열무에 준비해둔 부재료를 넣고 김칫국물을 부어줍니다.

찹쌀 풀보다는 밀가루 풀을 써야
물김치의 가라앉음이 덜하답니다.

김칫국물은 간을 보았을 때 간간해야
익어서 간이 맞고 국물이 시원합니다.

한그릇 뚝딱!

# 열무김치

여름철 식탁에 빠지지 않고 올라오는 열무김치는 요리의 재료로도 훌륭합니다. 입맛이 없을 때 비벼먹는걸 좋아하는 저희 남편이 주로 선택하는 메뉴는 열무비빔국수입니다. 다른 양념 없이 삶은 소면에 열무김치 넉넉히 올려 참기름 넣고 비벼먹으면 한 끼를 간단히 해결할 수 있답니다.

김치재료

**재료** | 열무(1단), 마늘(40g), 생강(20g), 홍고추(10개), 풋고추(3개), 고춧가루(3), 밀가루 풀 (1컵), 고운 소금(1.3)

**헹구는 물** | 물(1컵), 고운 소금 약간

**절임 소금물** | 굵은 소금(6), 물(1컵)

## 1 열무 다듬기
열무는 억세고 시든 잎을 떼어낸 후 뿌리는 다 잘라내지 말고 끝만 손질합니다.

## 2 열무 씻기와 열무 절이기
짧은 것은 이등분하고 긴 것은 삼등분하여 풋내가 나지 않도록 살살 씻어준 후, 소금물을 뿌려 살짝 절인 다음 씻어 건져둡니다.

## 3 홍고추 갈기
홍고추와 마늘, 생강을 믹서에 같이 갈아줍니다.

## 4 밀가루 풀과 고춧가루 섞기
갈아둔 홍고추에 고춧가루와 밀가루 풀, 고운 소금을 섞어 간을 맞춥니다.

## 5 버무리기
씻어둔 열무에 어슷 썬 풋고추를 넣고 4의 김치양념과 함께 버무립니다.

## 6 담기
열무는 통에 담고 버무린 그릇에 물(1컵)과 소금 간을 맞춰 헹군 후 통에 부어줍니다.

여름철에는 반나절 정도 실온에 두었다가 냉장보관합니다.

외국인도 반해버린 세계적인 김치

# 오이소박이

가장 친한 친구가 외국사람과 결혼했는데 매운 것에 익숙하지 않은 친구 남편이 너무 좋아했던 김치가 바로 오이소박이였어요. 오이 자체에서 수분이 많이 나와 막 담글 때와는 다르게 며칠 지나면 국물이 생겨 양념이 연해지는 특징이 있어요. 주변에 외국인 친구가 있다면 한 번 시도해 보세요. 김치를 세계에 알리는 셈이니까요.

김치재료

**재료** | 백오이(14개), 부추(200g), 무(150g), 쪽파(100g), 까나리액젓(2), 김치양념(10)

**오이 절이기** | 물(1컵), 굵은 소금(6)

오이는 굵은 소금으로 비벼 씻어야
색도 선명할 뿐만 아니라 이물질이나
농약이 제거됩니다.

양끝을 1cm 정도만 남기고 칼집을 넣는 것은
소가 빠져 나오는 것을 방지하기 위해서예요.

## 1 오이 손질하기

오이는 굵은 소금으로 비벼 씻어 헹군 후 양끝은 잘라내고 4등분합니다.

## 2 오이 칼집넣기와 오이절이기

한쪽 끝을 1cm 정도만 남기고 십자모양으로 칼집을 내어 물과 굵은 소금을 넣고 2시간 정도 절입니다. 중간에 한두 번 뒤집어 준 후 다 절여지면 헹구어 물기를 뺍니다.

## 3 김치 소재료 썰기와 김치 소 만들기

부추와 쪽파는 1cm 길이로 썰고, 무는 곱게 채 썰어 1cm 길이로 자른 후 분량의 김치양념과 까나리액젓을 넣고 고루 버무립니다.

### 영양정보 - 오이

Special tip

알칼리성 식품으로 몸을 중화시키고 이뇨작용과 해독효과가 뛰어납니다. 오이의 비타민 C는 신진대사를 원활하게 하고 피로와 갈증을 풀어줍니다. 〈동의보감〉에는 이뇨효과가 있고 장과 위를 이롭게 하며 소갈을 그치게 한다고 나와 있습니다. 이러한 오이의 효능은 청오이보다 백오이가 훨씬 뛰어납니다.

## 4 김치 소 넣기

오이에 김치 소를 골고루 발라 넣어줍니다.

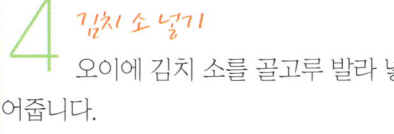

소가 부족하지 않도록
골고루 분배합니다.

## 5 보관하기

오이는 차곡히 통에 담아 살짝 익혀 냉장보관합니다.

오이는 반나절 정도 실온에 두었다가 냉장고에 넣으세요.
너무 많이 숙성되면 오이가 물러지고 질감이 떨어지기 때문에
되도록이면 빨리 먹는 게 좋아요. 너무 시어진 국물은 여름철에 살짝
얼려 국수를 말아 먹으면 시원하고 좋아요.

대한민국 김치의 대표주자

# 통 배추김치

그 어떤 김치가 맛있다 해도 기본으로 배추김치가 있는 다음에 해당되는 것 같아요. 어렵게 느껴지겠지만 적은 양부터 시작
하여 자신감을 가지면서 만드는 것이 중요해요. 찹쌀 풀을 넣지 않아 김치 맛이 전체적으로 시원하고, 겨울철에는 생 새우
를 갈아 넣으면 깊은 맛이 납니다.

### 🥬 김치재료

**김치 소 만들기1 재료** | 배추(3통, 약 7kg 정도), 굵은 고춧가루(3컵), 고운 고춧가루(3), 무(1~1.3kg,
조선무 중간 크기 1개), 쪽파(180g), 양파(큰 것 1개), 부추(90g), 갓(80g), 새우젓(100g), 까나리액
젓(200g), 마늘(140g), 생강(40g), 설탕(50g), 배(1/2개), 김치육수(1컵), 고운 소금(2)

**김치 소 만들기2 재료** | 배추(3통, 약 7kg 정도), 김치양념(4컵), 무(1~1.3kg, 조선무 중간 크기 1개),
쪽파(180g), 양파(100g, 중간 크기 1/2개), 부추(90g), 갓(80g), 까나리액젓(50g), 새우젓(1)

**양념** | 김치양념(4컵)(P20 김치양념 만들기 양의 1/2)

056

## 1 고춧가루 버무리기

채 썬 무에 분량의 고춧가루를 넣어 버무립니다.

## 2 부재료 썰기

쪽파와 갓, 부추는 4cm 길이로 썰고 양파는 슬라이스로 썹니다.

## 3 배와 양파 갈기

배와 양파를 각 1/2개씩 김치육수와 함께 곱게 갑니다.

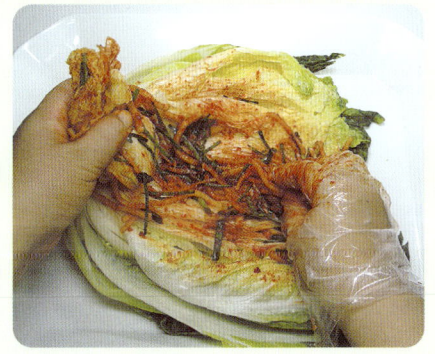

## 4 김치 소 양념하기

2에 액젓, 새우젓, 김치양념, 설탕과 마늘, 생강을 넣고 3을 부어 잘 섞은 후 고운 소금으로 간을 맞춥니다.

## 5 김치 소 넣기

김치 소를 배추 포기 수에 맞춰 나눈 후 배추 한 잎 한 잎 빠짐없이 고르게 넣습니다.

## 6 담기와 보관하기

김치 소가 빠지지 않도록 겉잎으로 잘 싸서 절단면이 위로 오도록 통에 담아 최대한 공기와 접촉을 막기 위해 랩으로 덮어 꾹꾹 누른 후 보관합니다.

> 김치 소를 넣을 때 한 잎 한 잎 빠짐없이 넣어야 김치색이 고르게 나옵니다.

> 김치소 만들기 2
> 김치양념으로 담글 경우 채 썬 무에 김치양념을 먼저 버무린 후 손질한 부재료와 젓갈을 넣고 버무립니다. 즉, 위의 과정 중 3번을 생략하면 됩니다.

# 파릇파릇한 향기가 묻어나는

# 파김치

주로 전라도에서 많이 담가 먹는 김치로 생 멸치액젓을 사용하는 것이 특징입니다. 생으로 먹어도 좋지만 오래 묵히면 맛이 더욱 깊어지면서 감칠맛도 더해지죠. 파 특유의 향과맛이 입맛을 돌게 만듭니다.

**김치재료**

**재료** | 깐 쪽파(500g, 1/2단)

**양념** | 김치양념(7), 찹쌀 풀(5),
생 멸치액젓(5)

> 쪽파는 소금에 절이면 질겨지므로
> 그냥담습니다.

> 파김치를 반으로 절단하지 않고 담그면 서로
> 엉켜서 먹을 때 불편하며, 그릇에 담을 때도 깔끔해
> 보이지 않습니다. 많은 양을 할때는 절단하지
> 말고 몇 가닥씩 묶어서 보관하세요.

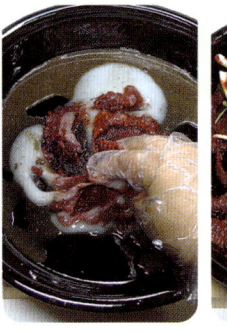

## 1 쪽파 손질하기
쪽파는 깨끗하게 다듬어 먹기 편하게 반으로 잘라줍니다.

## 2 양념만들기와 쪽파 버무리기
분량대로 양념을 잘 섞어 쪽파를 넣고 쓸어내리듯 버무립니다.

## 3 보관하기
통에 담아 바로 먹어도 되고 익혀 먹어도 좋습니다.

# 허약해진 기를 힘껏 부추겨 주는

## 부추김치

부추김치를 보고 전라도 지방에선 솔지(솔:부추, 지:김치)라 하고 경상도 지방에선 전구지라 부른답니다. 흔하게 볼 수 있는
채소라 소홀히 지나치기 쉽지만 영양적으로 우수함이 많은 부추를 가지고 김치를 담가보세요.

**김치재료**

**재료** | 부추(600g)
**양념** | 김치양념(5), 찹쌀 풀(3),
생 멸치액젓(3)

부추는 소금에 절이면 질겨지므로
그냥담급니다.

부추는 씻거나 양념을 버무릴때
풋내가 쉽게 나므로 살살 버무려
야합니다.

다지지 않은 생 멸치액젓으로
담가야 감칠 맛이 돌면서
더욱 맛이 좋습니다.

**1 부추 손질하기**
부추는 다듬어 깨끗하게 씻어 반
으로 자릅니다.

**2 양념만들기와 부추 버무리기**
분량의 양념을 고루 섞습니다. 섞
어둔 양념을 부추에 고루 발라줍니다.

**3 보관하기**
통에 담아 바로 먹어도 좋고 익혀
먹어도 좋습니다.

# 색다르게 즐기는
# 별미김치

PART2

아는사람만아는특별한맛

# 가지김치

가지김치는 여름 한 철 장마로 인해 무와 배추가 귀할 때 한두 번 해 먹던 별미 김치입니다. 살짝 쪄서 김치 양념에 소를 만들어 채우고 절단면은 발라주는데, 익히지 않고 냉장고에 넣어두고 그냥 먹습니다. 가지 특유의 색깔이 무더위에 지친 입맛에 힘을 실어줍니다.

**김치재료**

**재료** | 가지(4개), 쪽파(30g), 홍고추(1개),
청양고추(2개), 다진 양파(2), 통깨(1)

**양념장** | 김치양념(2), 간장(1), 김치육수(3)

## 1 가지 손질하기
가지는 곧고 흠집이 없는 것으로 골라 깨끗이 씻어 3등분 후 반으로 갈라 양끝 1cm 정도만 남기고 칼집을 넣어줍니다.

## 2 가지 찌기
김 오른 찜기에 가지를 4분 정도 찐 후 식힙니다.

> 찐 가지는 넓은 쟁반에 펴서 빨리 식혀야 덜 무릅니다.

## 3 부재료 준비하기
양파는 다지고, 쪽파는 송송 썹니다. 홍·청양고추는 반으로 갈라 씨를 제거한 후 다집니다.

## 4 양념장 만들기와 소만들기
분량대로 양념장을 만들어 3의 부재료를 모두 섞습니다.

> 가지의 영양흡수를 위해 참기름을 약간 넣어줘도 좋습니다.

## 5 소넣기
쪄서 식힌 가지에 소를 넣고 절단면에 양념장을 더 발라줍니다.

## 6 보관하기
통에 담아 바로 냉장보관합니다.

> 가지는 김치를 담가 익히지 않고 바로 냉장고에 두고 먹기 때문에 조금씩 담가 먹는 것이 좋습니다.

아삭아삭 맛이 살아 있는

# 고구마줄기김치

고구마줄기김치는 여름철 고구마줄기가 많이 나오는 때 주로 담가 먹는 김치입니다. 고구마줄기의 껍질을 벗기는 일이 번거롭기는 하지만, 데치지 않아 파릇한 줄기의 색과 아삭아삭한 맛이 더운 여름철에 색다름을 줍니다. 고구마 줄기는 시장에 가면 벗겨서 팔기도 하지만 아이들과 함께 벗기면 감성발달에도 도움을 줍니다. 꼭 해보세요.

**재료** | 고구마줄기(1단, 잎 제거 후 900g 정도), 부추(50g), 홍고추(1개), 김치양념(4), 멸치액젓(2)

**고구마순 절이기** | 물(3컵), 소금(2)

**헹구는 물** | 물(3컵), 소금(0.3)

고구마줄기는 껍질을 그냥 벗기면
잘 벗겨지지 않으므로 소금물에 절였다가
벗깁니다.

## 1 고구마줄기 손질하기
고구마줄기는 씻어 소금물에 1시간 30분 정도 절인 후 껍질을 벗깁니다.

## 2 재료 썰기
l은 이등분하고, 부추는 5cm 길이로 자르며, 홍고추는 반 갈라 씨를 뺀 후 어슷하게 채를 썹니다.

## 3 김치양념만들기
버무릴 그릇에 김치양념과 멸치액젓을 넣고 섞어줍니다.

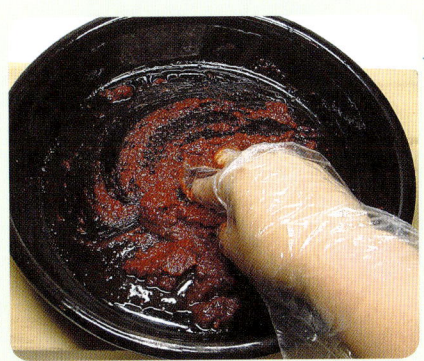

## 4 버무리기
고구마줄기를 넣고 김치양념에 먼저 버무립니다.

## 5 홍고추와 부추 넣기
고구마줄기가 어느 정도 버무려지면 홍고추와 부추를 넣고 버무립니다.

## 6 담기
버무려진 김치를 용기에 담고 버무린 그릇에 남은 양념에 물(3)과 소금(0.3)을 넣고 헹구어 부어줍니다.

Special tip

### 요리정보
고구마줄기김치는 여름철 비빔밥 재료로도 좋고, 고등어 조림할 때 우거지 대신 냄비 바닥에 깔고 고등어와 함께 졸여도 별미랍니다.

쌀쌀한 맛에 밥 한 공기가 뚝딱!

# 고들빼기김치

초등학교 담임선생님과 몇 십 년 만에 연락이 닿았는데 그 때 선생님께서 좋아하시던 김치가 고들빼기김치였습니다. 쌉쌀한 맛과 향이 독특하여 오래두고 먹어도 향이 쉽게 사라지지 않는 고들빼기김치를 한 통 가득 담아 찾아뵐 생각입니다. 입맛 없을 때 찬물에 밥을 말아 그 위에 턱하니 올려서 먹으면 밥 한 공기가 뚝딱입니다.

**김치재료**

| | |
|---|---|
| **재료** | 고들빼기(1kg, 약 1단), 쪽파(300g) |
| **삭힘 소금물** | 소금(1/2컵), 물(10컵) |
| **양념** | 김치양념(8), 생 멸치액젓(5), 찹쌀 풀(5) |

고들빼기는 소금물에 삭혀 쓴 맛을
뺀 후 김치를 담가야합니다.

매일 갈아주어야 역삼투압으로
쓴 물이 다시 고들빼기로
스며들지 않습니다.

**1** **고들빼기삭히기**
　고들빼기는 뿌리 부분을 다듬어
깨끗하게 씻은 후 소금물에 3~4일 정도
담가 쓴 맛을 우려냅니다.

**2** **물 갈아주기**
　삭히는 기간 중에 매일 물을 갈아
줍니다.

**3** **물기빼기**
　삭힌 고들빼기는 씻어 소쿠리에
담아 반나절 정도 말립니다.

**4** **양념만들기**
　분량의 양념을 고루 섞어 김치양
념을 만들어둡니다.

**5** **버무리기**
　4의 양념에 반으로 썬 쪽파와 삭
힌 고들빼기를 넣고 고루 버무립니다.

**6** **보관하기**
　통에 담아 익혀 먹습니다.

감칠맛이 좋기 때문에 생 멸치젓국을 주로
사용하지만 부담스럽고 구하기가 어려운 경우
그냥 멸치액젓을 사용해도 좋습니다.

**Special tip**

**영양정보 - 고들빼기**
강한 섬유질이 있어 많은 양의 젓갈을 넣어 담그면 자체 항산
화작용으로 장기 보존이 가능하여 겨우내 두고 먹을 수 있습니
다. 위를 튼튼하게 해주고 피를 맑게 해주는 효능을 가지고
있습니다.

하루에 한 개씩 비타민 C를 먹는다

# 고추소박이

손님 초대 상에 내놓아 폭발적인 인기를 얻은 김치예요. 처음엔 젓가락을 망설이다가 일단 맛을 한번 보더니 짜지 않고 맛있는 양념 맛에 1인당 5~6개는 기본으로 먹어 그날 담갔던 김치가 다 동이나 버렸던 기억이 나네요. 청양고추보다는 맵지 않은 풋고추로 담그는 것이 좋아요.

**김치재료**

**재료** | 풋고추(30개), 무(120g), 부추(100g), 양파(50g), 쪽파(50g), 김치양념(7), 멸치액젓(2)
**풋고추 절이기** | 굵은 소금(5), 물(1컵)
**헹구는 물** | 고운 소금(0.5), 물(1/2컵)

이때 고추꼭지가 지저분하면
가위로 깨끗이 손질해줍니다.

## 1 풋고추 손질하기

풋고추는 꼭지를 1cm 정도 남기고 길이대로 칼집을 넣습니다. 칼집 넣은 부분에 티스푼을 이용하여 씨를 긁어냅니다.

## 2 풋고추 절이기

손질한 풋고추를 30~40분 정도 절인(숨이 죽을 정도로) 후 건져서 물기를 빼둡니다.

## 3 소재료 썰기와 버무리기

무는 곱게 채 썰어 2cm 길이로 자르고 양파, 부추, 쪽파도 같은 길이로 썰어 김치양념과 멸치액젓을 넣고 버무립니다.

## 4 소 넣기

풋고추 속에 버무린 소를 채워 넣습니다.

## 5 보관하기

양념 버무린 그릇에 헹구는 물을 넣고 남은 양념을 헹구어 부어줍니다.

풋고추는 김치를 담근 후 물이 많이 생기지
않으므로 버무린 그릇에 묻은 양념을
소금물에 헹구어 부어 주는 게 좋습니다.

**요리정보**  **Special tip**

고추를 삭혀서 고춧잎과 함께 담그기도 합니다.

**영양정보 - 고추** **Special tip**

고추의 매운 맛을 내는 캡사이신(capsycine) 성분은 기름의 산패를 막고 젖산균의 발육을 도와줘 김치가 잘 발효되는데 중요한 역할을 합니다. 체내 에너지 대사를 촉진하여 체지방 분해에 도움이 됩니다. 입안과 위를 자극하고, 체액 분비 촉진, 식욕 증진, 혈액 순환 촉진, 신경 통치료 등에 효과적입니다. 또한 고추에는 비타민 C가 사과의 20배, 귤의 2~3배로 많이 함유되어 있어 한여름 더위에 지칠 때 먹는 풋고추 한두 개가 피로를 덜고 활력을 더해줍니다.

입안 가득 풍성한 맛과 영양

# 굴 섞박지

섞박지는 김장때 어머니가 무를 큼직하게 썰어, 남은 김치양념에 배추김치와 함께 금방 먹으려고 굴과 해산물을 넉넉히 넣어 담그던 김치입니다. 무는 큼직하게 썰어 담그면 비타민 파괴가 덜하고, 굴은 단백질과 칼슘 등 각종 영양소가 풍부하여 김치에 굴을 넣어 함께 담그면 상큼한 맛뿐만 아니라 영양까지 우수한 식품이 됩니다.

김치재료

**재료** | 무(1.5kg, 조선무 중간 크기 1개), 쪽파(6대), 생굴(1봉지, 약 150g)

**양념** | 김치양념(3), 새우젓(2)

## 1 재료 준비하기
무는 껍질을 벗겨 씻어서 준비하고, 굴은 소금에 살살 버무려 씻으면서 굴 껍데기가 있으면 골라냅니다.

## 2 무 썰기
무는 4cm 길이로 절단하여 반으로 갈라 1cm 두께로 썹니다.

## 3 무 버무리기
썰어둔 무에 김치양념을 넣고 양념이 고루 스며들도록 힘 있게 버무립니다.

## 4 굴 무치기
굴은 김치양념(0.3)을 넣고 고루 무칩니다.

## 5 버무리기
3에 3cm 길이로 썬 쪽파와 다진 새우젓을 넣고 고루 버무린 후 마지막으로 무쳐둔 굴을 넣고 살짝만 버무려줍니다.

## 6 보관하기
통에 담고 익혀서 냉장보관하여 두고 먹습니다. 오래 보관할 때는 굴과 해산물은 넣지 않거나 양을 줄이는 것이 좋습니다.

돌돌 말아 향긋한 깻잎 향이 일품

# 깻잎말이김치

김치를 멋스럽게 낼 수 있어 센스를 유감없이 발휘할 수 있는 김치입니다. 무를 기본으로 한 소재료가 시원한 맛을 내고 밤이나 석이버섯 등을 넣어 고급스럽게 내놓아도 좋습니다. 깻잎 특유의 향이 무의 아삭거림과 어울려 청각, 시각, 촉각, 후각, 미각을 모두 만족시켜 줍니다.

**재료** | 깻잎(120장), 무(600g), 홍고추(4개), 쪽파(50g), 양파(1개), 마늘(4쪽)

**소 양념** | 고운 소금(2), 설탕(4)

**김칫국물** | 김치육수(2컵), 멸치액젓(2)

072

생깻잎을 이용해도 좋지만 깻잎의 강한 냄새가 부담스럽다면 소금물에 삭혀서 (장아찌부분 참조) 사용해도 됩니다.

채는 곱게 썰어야 말때 예쁘게 말립니다.

## 1 깻잎 씻기

깻잎은 한 장씩 흐르는 물에 씻어 가지런히 놓아 물기를 빼고 꼭지는 떼어 냅니다.

## 2 소재료 썰기

무와 마늘은 곱게 채 썰고 양파도 얇게 슬라이스 합니다. 쪽파는 3cm 길이로 썰고, 홍고추는 길이로 반 갈라 씨를 빼고 어슷하게 채를 썹니다.

## 3 소만들기

2에 소금과 설탕을 넣고 고루 섞어줍니다.

## 영양정보 - 깻잎

**Special tip**

칼륨, 칼슘, 철분 등의 무기질 함량이 많은 대표적인 알칼리성 식품인 깻잎의 특유한 향을 내는 것은 바로 페릴케톤(Perill keton)이라는 정유 성분입니다. 이 성분이 방부제 역할을 하여 생선회와 같이 머으면 식중독을 예방하는 효과를 볼 수 있습니다. 또한 비타민 C가 다량 함유되어 있어 비타민 C의 소비량이 큰 흡연자나 스트레스를 많이 받을 때 섭취하면 좋습니다.

## 4 소 넣고말기

깻잎 두장을 포개어 소를 넣고 말아줍니다.

## 5 김칫국물 붓기

말린 끝부분이 밑으로 가도록 담은 후 김칫국물을 부어준 후 익혀서 먹습니다.

소를 많이 넣으면 예쁘게안말리고, 굵기도 달라질 수 있으니 일정한 양의 소를 넣는 게 중요해요.

부드러운 닭고기와 아삭한 오이가 만나

# 닭 오이김치

현대인에게 익숙하지는 않지만 옛조리서에는 생선과 육류 등을 넣고 담근 김치류를 많이 볼 수 있습니다. 대표적인 것이 꿩과 닭인데 이는 기름기가 덜하고 육질이 부드럽기 때문입니다. 닭 오이김치 역시 옛조리서에 나온 김치로 부드러운 닭살과 아삭한 오이가 색다른 맛을 주는 김치입니다. 색다른 도전을 한 번 해 보세요.

### 김치재료

**재료** | 닭(1/2마리), 오이(3개), 홍고추(1개), 굵은 소금(1)

**닭 삶기** | 물 넉넉히, 통후추(0.5), 대파(1대), 마늘(3쪽), 생강(1톨)

**양념** | 김치양념(3), 까나리액젓(1), 깨(0.5)

## 1 닭 삶기

닭은 내장을 깨끗이 제거한 후 씻고, 껍질을 제거한 뒤 끓는 물에 삶을 재료들을 넣고 30분 정도 삶아줍니다.

## 2 오이 썰기

오이는 길이로 4등분하여 속은 도려내고 2cm 길이로 자릅니다.

## 3 오이 절이기

오이는 굵은 소금을 넣고 1시간 정도 뒤적이면서 절여줍니다.

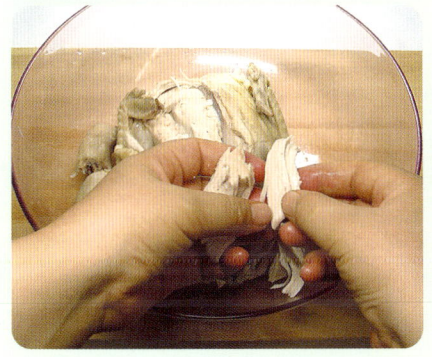
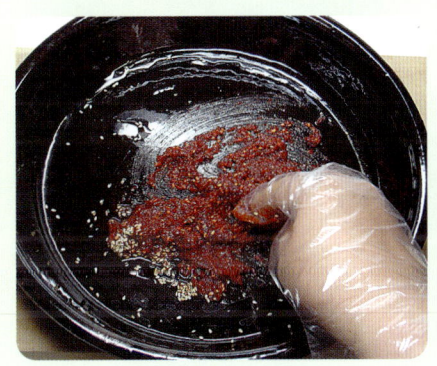

## 4 닭살 찢기

삶은 닭은 식힌 뒤 닭살을 굵게 찢어줍니다.

## 5 양념만들기

분량의 재료를 섞고 양념장을 만듭니다.

## 6 버무리기

미리 만들어둔 양념장에 씨를 빼고 송송 썬 홍고추와 오이, 닭살을 넣고 고루 버무려줍니다.

봄내음보다 상큼한

# 돌나물 물김치

돌나물은 봄에 나오는 나물 중 하나로 생체를 많이 해 먹습니다. 돌나물은 돈나물이라고도 하고 돗나물이라고도 불리지만 돌나물이 옳은 표현입니다. 특별한 향보다는 풋내가 강한 돌나물에 달면서 신 맛이 조금 도는 사과를 함께 넣고 물김치를 담그면 입맛 없는 봄철에 상큼하게 먹을 수 있는 물김치가 됩니다.

김치재료

**재료** | 돌나물(200g, 1/2근), 사과(1/2개), 홍고추 (1개), 풋고추(2개), 쪽파(5뿌리)

**김칫국물** | 물김치 국물(4컵), 물김치 밀가루 풀(2 컵), 소금(0.6), 고춧가루(1)

돌나물을 씻을 때는 가볍게 흔들어 씻어 건집니다. 거칠게 씻으면 풋내가 납니다.

사과는 껍질째 사용합니다. 농약 걱정이 된다면 식초물에 20분 정도 담궈두었다 쓰세요.

## 1 돌나물 손질하기
돌나물은 깨끗이 씻어 긴 것은 반으로 끊어줍니다.

## 2 재료 썰기
사과는 채 썰고, 쪽파는 3cm 길이로 썹니다. 홍·풋고추는 길이로 반 갈라 씨를 빼고 송송 썹니다.

## 3 통에 담기
다듬은 돌나물과 썰어둔 재료를 김치 통에 담아줍니다.

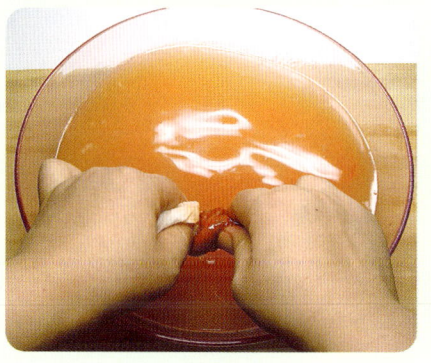

**영양정보 – 돌나물**

돌나물은 수분이 많고, 통통한 잎에는 칼슘과 다량의 비타민 C가 들어 있습니다. 인체에 필수적인 다양한 포도당과 아미노산 등이 풍부하게 들어 있으며, 제철에 잘 챙겨 먹으면 식욕을 돋궈주고 피도 맑게 해줍니다.

Special tip

## 4 김칫국물 만들기
물김치 국물과 물김치용 밀가루 풀은 섞은 다음 소금간을 하고 고춧가루 물을 들입니다.

## 5 김칫국물 붓기
3에 만들어둔 김칫국물을 부어줍니다.

너무 많이 익기 전에 되도록 빨리 먹는 것이 좋습니다.

처음 김칫국물이 부족한 듯 담가야 돌나물 숨이 죽으면서 국물과 건지 비율이 맞게됩니다.

 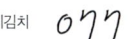

자연에서 찾은 건강한 맛
# 돌미나리김치

봄철에 주로 담가 먹는 김치로 전라도 지방이나 자연산 산미나리를 채취하기 용이한 사찰 등에서 주로 담가 먹어 왔습니다.
싱싱한 오징어를 살짝 데쳐 돌미나리와 새콤달콤하게 무쳐내면 봄철 입맛을 제대로 살려줍니다. 돌미나리는 특유의 향도
좋지만 피를 맑게 해주는 효과도 있답니다.

**김치재료**

**재료** | 돌미나리(500g), 쪽파(50g),
홍고추(1개)
**절임** | 물(1컵), 고운 소금(1)
**양념** | 김치양념(2), 멸치액젓(1),
찹쌀 풀(1)

불순물이 걱정스럽다면
식초(1/2컵, 미나리 1단 기준)을 탄 물에
10분 정도 담궜다 씻어 사용하세요.

## 1 돌미나리 손질하기와 절이기

억센 부위는 제거하고 흐르는 물에 깨끗이 씻어 분량의 물과 소금으로 절입니다.

## 2 재료 썰기

쪽파는 4cm 길이로 자르고, 홍고추는 길이대로 반 갈라 씨를 뺀 후 이등분하여 채 썹니다.

## 3 양념만들기

분량대로 양념을 넣어 잘 섞습니다.

### 영양정보 - 돌미나리

**Special tip**

비타민과 무기질, 특히 칼슘이 풍부한 알칼리성 식품으로 혈액이 산성화되는 것을 막아주며 혈압을 내리는 작용을 하므로 고혈압 환자에게 적당합니다. 다만, 고혈압환자가 먹는 김치라면 간을 줄여 싱겁게 담그는 것이 좋습니다.

## 4 버무리기

만들어둔 양념에 절인 미나리를 넣고 쓸어내리듯 버무려줍니다. 어느 정도 버무려지면 2를 넣어 마저 버무립니다.

## 5 담기

통에 담아 꾹 눌러준 후 냉장고에 1~2시간 정도 두었다가 바로 꺼내 먹습니다.

미나리 향을 줄이고 싶다면
무채와 함께 버무려줍니다.

직접 기른 쑥갓으로 담근

# 쑥갓김치

옥상의 한쪽 공간을 텃밭처럼 만들어 매년 상추, 부추, 열무, 고추, 쑥갓 등을 농사지어 먹고 있어요. 씨를 뿌려 물만 주는데도 너무 잘 자라 다 먹지 못할 때 담가 먹기 시작했던 쑥갓김치가 이젠 그 철의 별미김치가 되어버렸습니다. 매운탕에 넣어서만 먹었던 쑥갓을 매콤한 김치양념에 버무리면 쑥갓향이 가득해, 배추김치만 먹던 입맛에 새로움이 느껴진답니다.

🥬 김치재료

**재료** | 쑥갓(400g, 약 1단), 쪽파(50g)

**양념** | 김치양념(4), 멸치액젓(2)

지나치게 물기를 빼면
쑥갓이 말라버립니다.

## 1 쑥갓 손질하기

쑥갓은 억센 줄기 부분은 제거하고 깨끗이 씻어 소쿠리에 담아 물기를 빼줍니다.

식성에 따라서 이등분하지 않고
통으로 쓰기도 합니다.

## 2 쪽파 썰기

쪽파는 반으로 잘라줍니다.

## 3 양념만들기

분량대로 양념을 잘 섞습니다.

**요리정보**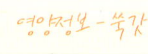

쑥갓김치는 절이지 않고 버무려서 곧바로 먹기 때문에 풀을 넣지 않습니다.

**영양정보-쑥갓**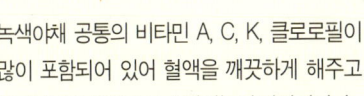

녹색야채 공통의 비타민 A, C, K, 클로로필이 많이 포함되어 있어 혈액을 깨끗하게 해주고 클로로필의 작용으로 소화기능이 강화됩니다.

## 4 버무리기

3에 쑥갓과 파를 고루 잘 버무려줍니다.

## 5 통에 담기

통에 담아 냉장보관하거나 바로 꺼내 먹어도 좋습니다.

버무릴 때 쓸어내리듯 버무려야
풋내가 나지 않습니다.

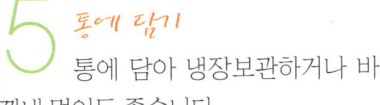

장마철, 비싼 배추를 대신하여 담가 먹는

# 양배추 송송이

한여름 배추 값이 오를 때 저렴한 양배추와 오이를 이용하여 국물을 자박자박하게 만들어 시원하게 먹는 김치입니다. 송송이는 궁중음식용어로 깍두기란 뜻인데, 양배추와 오이 모두 깍두기 모양으로 썰기에 붙여진 이름이랍니다.

김치재료

**재료** | 양배추(1/4개), 오이(2개)

**절임** | 물(1/2컵), 굵은 소금(2)

**양념** | 김치양념(3)

**김칫국물** | 김치육수(2컵), 고운 소금(1)

오이는 굵은 소금으로 비벼 씻어
헹군 후 준비합니다.

## 1 양배추 썰기
양배추는 2cm 길이의 크기로 썹
니다.

## 2 오이썰기
오이는 4등분하여 양배추와 비슷
한 크기로 썰어줍니다.

## 3 절이기
1과 2를 소금물에 1시간 절인 후 3
번 헹구어 소쿠리에 담아 물기를 빼줍니
다.

**Special tip**

### 영양정보 - 양배추
양배추의 잎에는 비타민 A와 C가 많고 혈액을
응고시키는 작용을 하는 비타민 K와 항궤양 성
분인 비타민 U도 많습니다. 그래서 위염, 위궤
양 환자들의 치료식으로 사용하기도 합니다.
또한 식물성 섬유질이 많아 변비를 없애주고
산성체질을 바꿔주는 알칼리성 식품입니다.
양배추를 삶으면 무기질, 단백질, 탄수화물 등
이 많이 소실되며 오래 삶을 경우 영양적 손실
과 더불어 양배추의 유황 성분이 휘발성으로
변해 맛이 나빠집니
다. 그러므로 양배추
는 익혀 먹는 것보다
는 날로 먹는 것이 영
양상 더 좋습니다.

## 4 버무리기
3을 김치양념에 버무립니다.

## 5 국물 붓기
4를 통에 담고 버무린 그릇에 김
칫국물을 넣고 헹구어 통에 붓습니다.

동치미 국물과 섞어 살얼음이 낄 정도로
얼려서 국수를 말아 먹어도 별미합니다.

물김치 정도는 아니지만
일반김치보다는 국물을 넉넉히 만들어 시원하게
같이 떠먹을 수 있게 만드는 것이 포인트입니다.

여름철 음식의 유해균으로부터 장을 보호하는

# 여름매실 동치미

봄에 담근 매실의 원액을 따라내고 남은 매실을 활용한 물김치입니다. 국물가득이 풍겨져 나오는 매실 향은 맛뿐만 아니라
눈에 보이지 않은 음식의 유해균을 없애주는 역할을 하여 여름철 탈이 나는 것을 예방해 주는 효과가 있답니다.

김치재료

**재료** | 무(4kg, 여름무 중간 크기 2
개), 쪽파(50g, 약 10뿌리), 홍고추
(4개), 절인 매실(10개), 굵은 소금
(3.5), 물김치 국물(22컵)

무는 한입 크기로 자릅니다.

홍고추는 썰어 물에 한번 헹군 후 동치미에 넣어야 국물이 깨끗해집니다.

## 3 부재료 손질하기

쪽파는 무와 같은 길이로 썰고 홍고추는 길이로 반 갈라 씨를 제거 후 3등분하여 굵게 채 썹니다. 절인 매실은 매실액과 함께 준비해둡니다.

## 1 무 썰기

무는 1cm×3cm 크기로 썰어 줍니다.

## 2 무 절이기

굵은 소금에 굴려 1시간 정도 절인 후 헹구어 소쿠리에 건져둡니다.

## 4 통에 담기

통에 절인 무와 손질해둔 부재료를 담습니다.

## 5 국물 붓기

분량의 물김치 국물을 부어줍니다.

심심하게 간하여 국물까지 시원하게 먹어도 좋습니다.

숯불구이와 함께 먹으면 좋은

# 매운 열무백김치

음식솜씨가 좋은 시외숙모께 배운 매운 열무백김치는 홍고추 대신 청양고추를 갈아 만든 물김치입니다. 숯불구이와 함께 먹으면 청양고추의 매콤하면서 시원한 국물 맛이 느끼함을 가시게 하고 개운함을 줍니다. 식은 밥을 이용해 누구나 쉽게 만들 수 있는 김치랍니다.

김치재료

**재료** | 열무(1단), 청양고추(25개), 식은 밥(150g, 약 2/3공기), 고운 소금(4.5), 마늘(30g), 생강(10g), 까나리액젓(1), 생수(10컵)

열무를 절단하지말고 길게
담가야맛이 좋습니다.

급하게 김치 담글 때 찹쌀 풀이 없으면
식은 밥을 곱게갈아대신 넣어도 좋아요.

## 1 열무 손질하기
열무 잎이 억세고 누렇게 변한 잎은 떼어내고, 뿌리는 살살 긁어 손질합니다.

## 2 열무 자르기
세로로 길게 반 갈라주는데 포기가 작은 것은 그냥 둡니다.

## 3 열무 씻기
다듬은 열무는 풋내가 나지 않도록 살살 씻어 가지런히 둡니다.

## 4 청양고추 갈기
청양고추, 식은 밥, 생강, 마늘에 물을 약간 붓고 갈아준 후, 까나리액젓을 넣어 섞습니다.

## 5 갈아 둔 고추 간하기
4에서 갈고 남은 생수를 섞어 소금으로 간을 합니다.

## 6 양념 끼얹기
씻어둔 열무는 3등분하여 나란히 놓고 양념을 끼얹어줍니다.

## 7 1시간 정도 두기
1시간 정도 그대로 두고 두세 번 뒤적여줍니다.

## 8 통에 담기
어느 정도 숨이 죽으면 통에 담아 숙성시켜 냉장보관하여 시원하게 먹습니다.

여름 열무는 절이지 않고
겨울에는 무청을 절여서
담가도 좋습니다.

# 오이의 순수한 맛을 살려내는
# 오이소박이 백김치

백김치류는 많은 양념 없이도 고춧가루 넣은 김치보다도 고급스럽게 만들어 낼 수 있는 장점이 있습니다. 그래서 양념맛이 아닌 재료의 순수한 맛을 끌어내는게 중요하죠. 오이소박이의 아삭아삭하고 칼칼한 맛과는 다르게 오이의 신선한 맛을 더 느낄 수 있는 오이소박이 백김치는 통으로 담가서 먹기 직전에 썰어내는게 좋습니다.

### 김치재료

**재료** | 백오이(10개), 무(250g, 약 무채 2컵), 홍고추(2개), 미나리(10줄기), 까나리액젓(2), 물김치 국물 (12+1/2컵)

**오이절이기** | 물(1컵), 굵은 소금(6)

## 1 오이 손질하기

소금으로 비벼가며 손질하여, 깨
끗이 씻어줍니다.

## 2 오이 칼집넣기

오이는 양끝 2cm 정도만 남겨두
고 세로로 칼집을 넣어줍니다.

## 3 오이 절이기

소금물에 2시간 정도 절여주면서
중간에 가끔씩 뒤집어줍니다. 절여지면
헹구어 물기를 뺍니다.

## 4 소재료 썰기와 소재료 섞기

무는 곱게 채 썰고, 홍고추는 반
갈라 씨를 뺀 후 이등분하여 채 썹니다.
미나리 잎 부분은 제거하고 굵은 것은 반
으로 갈라 4cm 길이로 자릅니다. 썰어둔
모든 재료를 섞어줍니다.

## 5 소 넣기

절인 오이에 적당양의 소를 넣어
줍니다.

## 6 물김치 국물 붓기

준비해둔 물김치 국물에 까나리
액젓을 넣고, 소를 넣은 오이에 부어줍니
다. 오이가 떠오르지 않게 무거운 걸로 눌
러주며, 양파를 슬라이스 해 눌러주어도
좋습니다.

물김치의 명품

# 장김치

소금이 아닌 간장으로 간을 맞추어 현대인에게는 익숙하지 않은 김치일지도 모르겠네요. 장김치는 주로 겨울에 먹는 김치로 들어가는 재료가 고급스러워 조선시대 궁중이나 대갓집에서 주로 담가 먹었으며, 격식을 차리는 정월 떡국상이나 잔칫상에 올려졌답니다.

**김치재료**

**재료** | 배추속대(200g), 무(200g), 미나리(5대), 배(1/2개), 밤(4개), 대추(3개), 마른 표고버섯(2개), 석이버섯(2개), 마늘(2쪽), 생강(10g), 대파(1/4대), 실고추 약간

**김칫국물** | 물(4컵), 간장(1/2컵), 설탕(1)

무가 배추보다 쉽게 절여지므로 어느 정도 배추가 절여진 뒤 무를 넣어주세요.

석이버섯은 이끼를 제거하고 딱딱한 부분을 떼어낸 후 곱게 채 썰고, 마늘과 생강은 강판에 갈아 면보에 걸려 즙만 내세요.

## 1 배추와 무 손질하기
배추는 속대로 준비해 반으로 갈라 직사각형 2.5cm 길이로 썹니다. 무도 비슷한 크기로 0.5cm 두께로 납작하게 썹니다.

## 2 절이기
배추 썬 것에 간장을 부어 절이고 배추에 색이 들면 무를 넣고 30분 정도 더 절입니다.

## 3 재료 준비하기
미나리는 줄기만 사용하고, 배는 껍질을 벗겨 무와 비슷한 크기로 자르며 밤은 납작하게 썹니다. 석이와 표고버섯은 물에 불려 다듬고 대추는 돌려깎아 곱게 채 썰고, 대파는 흰 부분만 채 썹니다. 마늘과 생강은 즙만 내줍니다.

## 4 간장 따라내기
2의 절인 간장을 따라냅니다.

## 5 재료 버무리기
간장에 절인 배추와 3을 한데 섞어 버무려줍니다.

## 6 김칫국물 만들기
무와 배추를 절인 간장에 물을 타서 간을 약간 세게 맞추고 설탕을 넣어 통에 붓습니다.

잣은 상에 내기 전에 띄워주면 불지 않아 잣의 고소함을 느낄 수 있습니다.

# 몸에 좋은 사찰음식의 대명사
# 참나물김치

입맛을 잃기 쉬운 봄철에 겉절이처럼 양념에 버무려 바로 먹을 수 있는 김치입니다. 참나물의 독특한 향과 들깨가루의 고소함이 살아있는 대표적인 사찰음식이기도 합니다.

### 김치재료

**재료** | 참나물(500g)

**양념** | 김치양념(4), 찹쌀 풀(2), 멸치액젓(2), 들깨가루(1)

Special tip

### 영양정보 - 참나물

간염, 고혈압, 해열에는 5월에 새로 나온 연한 참나물을 채취해 즙을 내먹으면 좋은데, 참나물은 독특한 향으로 인해 주로 나물로 만들어 먹습니다. 데쳐도 향은 나지만 생으로 김치를 담가 먹으면 그 향이 더욱 풍부합니다.

들깨가루가 없을 때는 깨를 곱게 갈아 넣어도 좋습니다.

한번에 많이 담그지 말고 조금씩 담아 바로 먹는 게 좋습니다.

참나물은 잎이 무성하여 흐르는 물에 깨끗이 씻어야 합니다.

## 1 참나물 손질하기
참나물의 억센 줄기는 제거하고 깨끗하게 씻은 다음 소쿠리에 담아 물기를 빼둡니다.

## 2 양념만들기와 버무리기
분량의 양념을 잘 섞어 손질해둔 참나물을 넣고 쓸어내리듯 버무립니다.

## 3 보관하기
꺼내먹기 쉽도록 엉키지 않게 몇 가닥씩 돌돌 말아 통에 담아 3시간 정도 냉장고에 두었다가 바로 꺼내 먹습니다.

# 어르신들을 위한 김치
# 숙깍두기

무를 데쳐서 간을 약하게 담근 김치로 치아가 약한 노인들이나 저염식을 필요로 하는 환자들이 먹기에 아주 좋습니다.
'숙' 이란, 익힌다는 한자어에서 나온 말입니다. 고종의 아들 순종도 치아와 위가 약하여 김치는 숙깍두기를 먹었다고 합니다.

 **김치재료**

**재료** | 무(1kg)

**데치는 물** | 물(5컵), 굵은 소금(1)

**양념** | 김치양념(2), 소금(0.3)

**요리정보** *Special tip*

1 오랫동안 데치면 무가 물러지므로 살짝만 데쳐줍니다.

2 노인들이나 저염식의 환자들이 먹을 때는 소금의 양을 줄여주고, 일반인들이 먹을 때는 분량의 양념 양보다 더 추가해서 간을 맞춥니다.

**1 무 썰기**
무는 2cm×2cm 정도의 한입 크기로 썹니다.

**2 무 데치기**
끓는 물에 소금을 넣고 썰어둔 무를 살짝 데쳐 찬물에 헹궈줍니다.

**3 버무리기**
분량의 양념을 데쳐둔 무와 함께 버무립니다.

# 향긋한 바다 내음을 한번에 느낄 수 있는

# 파래김치

해초류 중 대표 격에 속하는 파래는 겨울철에 주로 생산되는데 파래를 깨끗이 씻어 무를 넣고 배추김치 담글 때 버무린 그릇에 조금만 더 양념하여 파래김치를 담급니다. 간단하지만 향긋한 바다 내음을 한번에 느낄 수 있는 별미김치죠. 젓갈로 담아 자연 숙성시켜 느껴지는 신 맛은 요즘처럼 식초를 가미해서 느껴지는 신 맛하고는 그 깊이가 다르답니다.

### 김치재료

**재료** | 파래(500g), 무(200g), 쪽파(50g), 홍고추(1개)

**양념** | 김치양념(2), 멸치액젓(4), 고운소금(1), 김치육수 또는 물(1/2컵)

파래에는 먹을 수 없는 바다 해초가
섞여 있을 수 있으니
깨끗이 씻는 게 중요합니다.

## 1 파래 씻기
파래와 섞여있는 이물질을 골라 내고 모래가 나오지 않을 때까지 7~8회 정도 깨끗이 씻어줍니다.

## 2 물기 빼기
깨끗이 씻은 파래를 소쿠리에 담아 물기를 빼줍니다.

## 3 재료 준비하기
무는 채 썰고, 쪽파는 3cm 길이로 썰며, 홍고추는 길이로 반을 갈라 씨를 빼고 송송 썹니다.

## 4 양념만들기
분량대로 양념을 섞습니다.

## 5 버무리기
양념에 먼저 무를 넣어 버무린 후 나머지 재료를 넣고 버무립니다.

## 6 보관하기
통에 담아 하룻밤 정도 익혔다가 냉장보관하여 먹습니다.

배추김치를 담근 후 통에 묻어 있는
양념들을 김치육수로 모아 버무리면
간단하게 만들 수 있습니다.

Special tip

### 영양정보 - 파래
식이섬유가 풍부하며 해초류 중에 칼슘이 가장 많이 들어 있습니다. 담배의 니코틴을 해독해주는 성분이 있고, 손상된 폐를 재생하고 보호해줘서 폐암 예방에도 효과적입니다.

멸치 몇 개만 있어도 훌륭한 찌개로 변신

# 호박김치

제가 예전에 다니던 직장은 지하에 김치광이 있어서 직장상사와 함께 늙은 호박에 배추겉잎이나 김치 담글 때 나오는 배추 자투리 등을 모아 젓갈이나 양념을 많이 넣지 않고 김치를 담가 먹었습니다. 이렇게 담근 김치가 익으면 다시멸치 몇 개만 넣어 바쁘거나 별미가 먹고 싶을 때 호박김치찌개를 끓여먹곤 했답니다.

### 김치재료

**재료** | 늙은 호박(500g), 배추(1kg)

**호박 절임** | 굵은 소금(1)

**배추 절임** | 물(2컵), 굵은 소금(4)

**양념** | 김치양념(4), 김치육수(1/2컵)

## 1 배춧잎 손질하기

배춧잎은 반 갈라 어슷하게 썰어 소금물에 3시간 정도 절입니다.

## 2 호박 손질하기

호박은 3~4cm 폭의 반달모양으로 잘라 껍질을 벗긴 후 1cm 두께로 자릅니다.

## 3 호박 절이기

호박에 소금을 고루 섞어 30분간 절입니다.

## 4 헹구기

절인 배추와 호박은 3회 정도 헹구어 소쿠리에 담아 물기를 빼둡니다.

## 5 양념만들기

분량의 양념을 잘 섞어줍니다.

## 6 버무리기

배추와 호박을 넣고 고루 버무려준 후 숙성시켜 김치찌개용으로 익혀 먹습니다.

### 영양정보 - 늙은 호박

늙은 호박은 보양식품으로 잘 알려져 있듯이 비타민 B1, B2, 칼슘, 철분 등이 들어있어 허약체질을 개선하고 산모의 부기를 빼는데 오랫동안 사용되어 왔습니다. 또한, 인슐린을 조정하는 기능이 있어 여성들의 피부미용과 다이어트에도 효과가 큽니다. 충청도 지방의 사찰음식으로 몸살 기운이 있을 때 된장을 풀어 찌개를 끓여 먹으면 좋습니다.

Special tip

고수겉절이 · 치커리겉절이 · 굴 무생채 · 배추겉절이 · 부추겉절이
산초겉절이 · 달래사과김치 · 상추겉절이 · 오이 송송이

# 싱싱하게 만들어 먹는
# 즉석김치

PART3

흔하지 않아 더욱 끌리는

# 고수겉절이

고수는 독특한 향 때문에 즐겨 찾는 김치재료는 아니지만, 대표적인 사찰음식으로 황해도지방에서 주로 담가 먹습니다. 고수만 사용하면 향이 너무 강하기 때문에 무채를 넉넉히 넣고 겉절이로 담가 냄새나는 생선이나 육류 등을 먹을 때 함께 곁들이면 아주 좋습니다.

### 영양정보 - 고수풀

우리에게는 낯설지만 고수풀을 서양에서는 코리안더(Coriander)라고 부릅니다. 중국 사람들이 가장 좋아하는 향신료 중의 하나로 중국에서는 향채라 하여 거의 모든 음식에 넣어 먹습니다. 고수풀은 빈대 냄새가 심하게 나서 처음 먹는 사람은 역겨움을 느끼지만 습관이 되면 오히려 이것 없이는 음식을 먹지 못하게 된다고 합니다. 한방에서는 호유실이라고 하여 위장을 튼튼하게 하고 소화를 잘되게 하며, 기침을 멎게 하고, 입 냄새를 없애며 상처를 치료하는 데 등 쓰이며 더덕과 함께 먹으면 전립선염에도 효과가 있습니다.

**Special tip**

**김치재료**

**재료** | 고수(50g), 무(200g), 홍고추(1개), 쪽파(5뿌리)

**양념** | 김치양념(3), 멸치액젓(1), 설탕(0.3), 깨(0.6)

고수는 백화점 식품 코너에 가면 소량으로 쉽게 구매할 수 있습니다.

**1 재료 썰기**
고수는 손질하여 씻어 반으로 자르고 무는 채 썹니다. 홍고추는 길이로 반 갈라 씨를 빼고 어슷하게 채 썰어둡니다.

**2 무 버무리기**
채 썬 무에 분량의 양념재료를 넣고 버무립니다.

**3 고수 버무리기**
무가 고루 버무려지면 고수와 홍고추를 넣고 함께 버무립니다.

주요리의 맛을 한껏 살려주는

# 치커리겉절이

생 두부가 먹고 싶을 때 항상 곁들여 먹는 김치가 바로 이 치커리겉절이입니다. 두부의 고소한 맛도 느끼면서 치커리의 아삭하고 쌉쌀한 맛이 새콤한 식초와 잘 어울려 한 끼 식사를 풍성하게 합니다.

### 김치재료

**재료** | 치커리(150g)
**양념** | 김치양념(1), 간장(2), 참기름(1), 레드 와인식초(1), 흑임자(1), 깨(1)

**영양정보 - 치커리**

**Special tip**

쓴 맛이 나는 인터빈이 들어있어 소화를 촉진 시키고 혈관을 강화시킵니다. 칼륨, 인, 나트 륨, 칼슘의 함량이 많고 비타민 A, C가 함유되 어 있습니다.

치커리는 손질한 후 냉장보관해 두어야 신선하면서 아삭한 질감 으로 먹을 수 있습니다.

미리 버무려 놓으면 숨이 죽어 모양과 맛이 떨어지므로 양념장을 미리 만들어 놓고 식탁에 올리기 바로 직전에 젓가락으로 무쳐서 냅니다.

**1 치커리 손질하기**
치커리는 깨끗이 씻어 물기를 빼고 4cm 길이로 자른 후 냉장보관해 준비합니다.

**2 양념장만들기**
분량대로 섞어 양념장을 만듭니다.

**3 버무리기**
먹기 직전에 버무려 냅니다.

따뜻한 밥에 올려 먹으면 한 그릇 뚝딱

# 굴 무생채

겨울철 무가 달고 맛있을 때 상큼하고 영양가 많은 굴을 넣어 간단하게 담가 먹을 수 있는 김치입니다. 특히 따뜻한 밥에 참기름 약간 두르고 비벼 먹으면 꿀맛이지요. 손님 접대용 음식으로 만들어 놓으면 좋습니다.

김치재료

**재료** | 무(700g), 쪽파(10대), 미나리(5대), 갓(50g), 굴(100g)
**양념** | 김치양념(5), 새우젓(1)

무채는 너무 가늘게
썰지 말고 중간 굵기 정도로 썰어야
간이 배어들면서 수분이 빠져도
씹는 질감이 좋습니다.

## 1 재료 준비하기

깨끗이 씻은 무와 미나리, 쪽파, 갓, 굴을 준비합니다.

## 2 무채 썰기

무는 슬라이스하여 중간 굵기로 채를 썹니다.

## 3 무 버무리기

채 썬 무를 김치양념(4)과 새우젓에 미리 버무려둡니다.

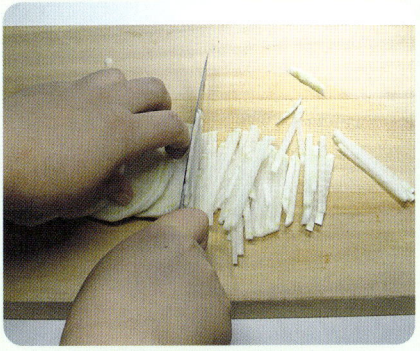

## 4 굴 씻기

굴은 소금에 살살 버무려 헹구어 물기를 뺀 뒤 김치양념(1)에 버무립니다.

## 5 재료 버무리기

쪽파, 갓, 미나리는 4cm 길이로 썰어 3에 넣고 고루 버무립니다.

## 6 굴 넣기

김치양념에 미리 버무려 두었던 굴을 넣고 살살 버무려 완성합니다.

굴은 신선한 것으로 골라
채취 과정 중 붙어 있는 굴 껍데기를
반드시 제거 한 후, 소금에 씻어 사용합니다.

익혀서 먹는 것보다 즉석에서 담가 뜨거운 밥과
함께 먹으면 더욱 맛이 더욱 좋습니다. 통깨와 참기름을
약간 넣어서 비벼 바로 먹어도 좋습니다.

# 배추겉절이

개인적으로 막 담근 김치를 좋아해 주로 배추 겉절이를 담가먹곤 합니다. 이렇게 해서 생각해 낸 것이 김치양념입니다. 한 꺼번에 넉넉히 만들어 냉동고에 보관하여 언제든 김치를 담가 먹고 싶을 때는 채소만 준비하면 되는 편리함 때문에 김치 담 그는 일이 훨씬 쉬워지죠.

**김치재료**

**재료** | 배추(1/2포기), 쪽파(50g), 부추(30g)

**절임** | 물(1컵), 굵은 소금(6)

**양념** | 김치양념(10), 까나리액젓(2), 설탕(0.3), 통깨(1), 다진 마늘(1)

배추는 어슷하게 썰어야 간이
고루 잘 뱁니다.

절이는 과정에서
살균이 됩니다.

## 1 배추 썰기

배춧잎은 반으로 갈라 어슷하게
3~4등분 합니다.

## 2 배추 절이기

썰어둔 배추에 소금을 뿌리고 그
위로 물을 뿌려 1시간 30분 정도 절여둡
니다.

## 3 재료 썰기

부추와 쪽파는 다듬어 깨끗이 씻
은 후 4cm 길이로 썹니다.

## 4 배추 헹구기

배추는 3회 정도 헹구어 소쿠리에
담아 물기를 뺍니다.

## 5 버무리기

물기를 뺀 배추에 분량의 양념을
넣고 1차로 잘 섞어준 후 부추와 쪽파를
넣고 마무리합니다.

## 6 보관하기

바로 먹어도 되고 남은 김치는 냉장
보관합니다.

간을 까나리액젓으로 맞춥니다.
마늘과 액젓을 더 넣어 만들면 양념 맛이 강하여
여름철 입맛 없을 때 좋고, 국수류하고도
잘 어울리는 김치가 됩니다.

먹기 직전 상에 낼 분량만큼에
참기름을 살짝 넣어 주면 김치에서
고소한 맛을 느낄 수 있습니다.

# 한국인의 삼겹살 사랑을 부추겨주는
## 부추겉절이

얼음물에 담가 아삭한 질감의 부추와 양파를 양념장에 바로 무쳐 고기와 함께 쌈 싸먹도록 내는 부추겉절이입니다.
고기의 누린 맛도 제거해주고 영양학적으로 궁합이 잘 맞는 김치랍니다. 음식점에서 삼겹살을 시켜 먹으면 나오는 바로 그
겉절이입니다. 집에서도 한 번 만들어 보세요.

### 김치재료

**재료** | 부추(15g), 양파(50g)

**양념** | 청장(1), 까나리액젓(1), 고춧가루(1),
미림(2), 설탕(1), 식초(1), 다진 마늘(0.5),
통깨(0.5), 참기름(1)

부추와 더불어 알배기 배추나 배추 속을 곱게채썰어 함께 무쳐도 좋습니다.

얼음물에 담가 두어야 싱싱한 질감의 쌀겉절이를 먹을 수 있습니다. 물에 헹구어 비닐 팩에 담아 냉장보관해도 됩니다.

## 1 재료 손질하기
부추는 깨끗이 다듬어 씻은 후 6cm 길이로 썰고 양파는 얇게 슬라이스 합니다.

## 2 얼음물에 담그기
썰어놓은 부추와 양파를 얼음물에 잠시 담가둡니다.

## 3 물기 빼기
무치기 직전에 얼음물에서 꺼내어 소쿠리에 밭쳐 물기를 뺍니다.

### 영양정보 - 부추
**Special tip**

'봄에 나는 부추는 인삼' 이라고 할만큼 녹용보다 효능이 뛰어난 우수 식품입니다. 부추는 맵고 따뜻한 성질을 가지고 있어 몸이 냉한 사람에겐 좋지만 열이 많은 사람에게는 맞지 않는 식품입니다. 특히 부추에 들어있는 베다가로틴은 활성산소가 세포를 산화시키는 것을 막아주는 항산화작용을 합니다.

## 4 양념장만들기
분량의 재료를 섞어 양념장을 만듭니다.

## 5 버무리기
상에 내기 직전에 양념장에 버무려내면 됩니다.

### 부추겉절이와 된장찌개는 최상의 음식궁합
**Special tip**

된장은 나트륨이 많이 들어있으나 비타민 A, C가 부족한 식품입니다. 이 부족한 점을 보완해주는 것이 부추입니다. 부추에 들어있는 칼륨이 나트륨의 흡수를 줄이고 부추에 들어있는 비타민이 된장의 단점을 보완합니다.

양념장은 따로 만들어 먹기 직전에 무쳐야 부추와 양파가 숨이 죽지 않아요.

무칠 때는 젓가락으로 살살 버무려줘야 풋내가 나지 않는답니다.

# 우리의 향신료 산초로 맛을 낸

## 산초겉절이

친분이 있는 선생님 댁에서 처음 맛본 산초고추장아찌 맛에 반해 산초에 관심을 가지게 되었답니다. 고추가 우리나라에 들어오기 전 주로 사용되었던 향신료가 바로 산초(천초)인데 독특한 향이 강해 지금은 추어탕에만 넣어 먹는 걸로 알고 있지만 이북지방에서는 산초를 넣어 김치를 담가 먹었다고 하니 그리 낯설지 만은 않은 우리네 김치입니다.

### 김치재료

**재료** | 배추(1kg, 약 1/2포기), 쪽파(50g), 부추(30g), 양파(1/2개), 삭힌 산초(15g)

**절임** | 물(1컵), 굵은 소금(6)

**양념** | 김치양념(10), 까나리액젓(2), 설탕(0.3), 통깨(0.3)

## 1 산초 손질하기

산초는 소금물에 일주일 정도 삭인 후 줄기를 제거하고 열매만 사용합니다.

## 2 재료 썰기

쪽파와 부추는 5cm 길이로 썰고 양파는 반 갈라 길이대로 얇게 썹니다. 배추는 배추겉절이처럼 길이로 반 잘라 큼직하게 어슷썹니다.

## 3 양념만들기

분량의 양념을 넣고 잘 섞어줍니다.

### 영양정보 - 산초

산초는 특유의 독특한 향기로 식욕을 돋워주며, 호흡기 질환과 위장병에 효능이 있는 것으로 알려져 있습니다. 몸의 노폐물을 제거하여 몸의 균형을 유지해주고, 혈액의 흐름을 도와 손 발 저림과 통증을 해소해주며, 신장의 배설 기능을 도와주고 치아를 견고하게 하며 눈을 밝게 해줍니다. 또한 강한 살균작용은 세균성 질환 치료에 도움이 됩니다.

## 4 버무리기

3에 배추와 산초와 다른 부재료를 넣고 버무려줍니다.

## 5 보관하기

바로 먹으면 산초향이 나지 않지만 반나절이 지나 먹으면 산초향이 고루 밴 김치를 맛볼 수 있습니다.

### 요리정보

말린 산초는 절구에 찧어서 체에 걸러 추어탕 등에 가루로 사용하며, 밀봉하여 향이 달아나지 않게 냉동보관합니다.

봄나물인 달래의 생기와 사과의 비타민이 활력을 주는

# 달래사과김치

봄나물의 상징중의 하나인 달래는 다른 봄나물과는 달리 마늘의 매운 맛과 같은 성분인 알리신이 들어있어서 항균 및 살균 효과가 있습니다. 알싸한 매운 맛을 보완해주기 위해 달콤하고 아삭한 사과와 함께 담가보세요. 봄철 몸이 나른하고 입맛이 떨어질 때 온몸에 생기를 불어 넣어주는 김치랍니다.

 김치재료

**재료** | 달래(150g), 사과(1/2개)

**양념** | 김치양념(3), 멸치액젓(0.3), 설탕(0.3), 깨(0.6)

**요리정보**  *Special tip*

1 달래는 뿌리 부분에 딱딱한 돌기 같은 게 있는데 반드시 제거한 후 조리합니다.

2 사과는 모양내기가 어려우면 채를 썰어 담가도 됩니다. 단 버무릴 때 마지막에 넣고, 살짝 무쳐주어야 부서지지 않습니다.

3 담가서 바로 먹어야 사과의 아삭한 질감과 달래의 매운 맛을 함께 즐길 수 있습니다.

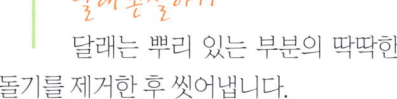

**1 달래 손질하기**
달래는 뿌리 있는 부분의 딱딱한 돌기를 제거한 후 씻어냅니다.

**2 사과 모양내기와 썰기**
사과는 4등분하여 씨를 썰어내고 칼을 이용하여 사과껍질에 두 줄로 모양을 낸 후 모양이 보이도록 썰어줍니다.

**3 버무리기**
분량의 양념에 사과와 달래를 넣고 살짝 버무립니다.

## 상추의 진액을 먹는다
# 상추겉절이

좋이 오른 상추는 쌉쌀한 맛이 강하여 김치로 버무려 먹으면 쓴 맛도 덜하고 식욕도 돋우어 줍니다. 경우에 따라 오이와 섞어서 무쳐도 좋고 도토리묵이나 메밀묵과 함께 내놓아도 잘어울리는 김치입니다.

**김치재료**

**재료** | 꽃상추(400g, 약 3포기)

**양념** | 김치양념(3), 멸치액젓(1),
설탕(0.3), 콩가루(0.3)

**요리정보** **Special tip**

1 고소한 맛의 콩가루가 상추의 쌉쌀한
맛을 덜어줍니다.

2 세게 버무리지 말고 양념을 묻히듯 살살 버
무려 상추가 물러지지 않도록 주의합니다.

상에 낼 때는
통깨를 뿌려내세요.

**1 상추 준비하기**
쌉쌀한 맛이 강한 꽃상추를 한 잎
씩 떼어낸 후 흐르는 물에 씻어 소쿠리에
담아 물기를 빼둡니다.

**2 상추 썰기와 양념만들기**
씻어둔 상추는 한 잎씩 여러 장을
포개어 길이대로 절반 나누어 한번만 썰
어주고 양념은 분량대로 섞어 준비합니다.

**3 버무리기**
준비한 양념에 상추를 넣고 고루
버무려줍니다.

# 오이 송송! 양념 탁! 맛있게 버무린
# 오이 송송이

송송이는 깍두기란 뜻의 궁중음식 용어로 오이를 깍두기처럼 작게 썰어 아이들이나 노인들이 먹기 좋은 크기로 담은 김치를 말합니다. 바로 담가 먹어도 좋고 살짝 익혀 먹어도 맛있는 김치입니다.

### 김치재료

**재료** | 백오이(4개), 쪽파(30g), 홍고추(1), 다진 양파(2)

**오이 절이기** | 굵은 소금(1), 물(1/2컵)

**양념** | 김치양념(2), 까나리액젓(1)

**행구는 물** | 물(4), 고운 소금(0.5)

오이는 끓는 소금물에 넣었다가
바로 꺼내야 색도 예쁘고 아삭아삭합니다.
또 불순물도 제거되고요.

## 1 오이 절이기

오이는 소금에 문질러 씻은 후 굵은 소금을 물에 녹여 20분 정도 절여둡니다.

## 2 오이 데치기

오이 색과 아삭한 질감을 위해 오이를 끓는 소금물에 넣었다가 바로 꺼내어 찬물에 재빨리 담급니다.

## 3 오이 썰기와 부재료 썰기

오이는 세로로 4등분하여 깍두기 크기로 썰어줍니다. 쪽파는 3cm 길이로 썰고, 홍고추는 반으로 갈라 씨를 뺀 후 넓게 송송 썰며, 양파는 굵게 다집니다.

## 4 양념 버무리기

오이에 분량의 양념을 넣고 버무립니다.

## 5 부재료 넣고 버무리기

3에 썰어둔 부재료들을 넣고 마저 버무려 마무리하고 통에 담습니다.

## 6 국물 헹구어 붓기

버무린 그릇에 물(4)과 고운 소금(0.5)을 넣고 남은 양념을 헹구어 통에 붓습니다.

오이는 통통하지 않고 두께가 일정한 것이 좋은데
혹 속이 많은 오이를 구입했을 경우 세로로 잘라 4등분 한 후
오이 속을 약간 잘라내고 사용하세요.

하루 정도 익혀 먹으면
남으면 냉장보관 하세요.

구기자 물김치 · 더덕소박이 · 양파김치 · 연근유자 물김치 · 우엉김치
인삼 물김치 · 죽순 물김치 · 죽순유자청김치 · 통 도라지김치

# 건강까지 챙기는
# 보양김치

PART4

감기예방의 절대강자

# 구기자 물김치

가을에서 겨울로 바뀌는 환절기에는 비타민 C가 레몬의 21배나 들어있어 감기예방에 아주 좋은 햇 구기자를 구입하여 물 김치를 담급니다. 특히 어르신을 모시고 있는 가정이라면 강력 추천할만한 김치랍니다.

**김치재료**

**재료** | 배추(500g), 무(200g), 구 기자(20g), 쪽파(6뿌리), 홍고추(1 개), 풋고추(2개), 고운 소금(1)

**김칫국물** | 물김치 국물(10컵)

## 1 배추와 무 썰기

배추는 2.5cm×3cm, 무는 배추와 같은 크기에 두께 1cm로 썰어 줍니다.

## 2 배추와 무 절이기

썬 배추와 무는 소금에 10분 정도 절여둡니다.

## 3 부재료 썰기

쪽파는 3cm 길이로 썰고 홍고추와 풋고추는 길이로 반 갈라 씨를 빼고 송송 썹니다.

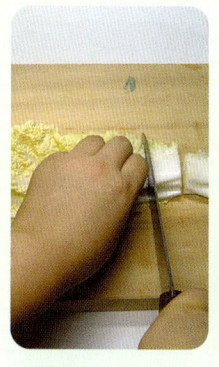

## 4 재료 섞기

2에 3을 넣고 구기자는 씻어 물기를 제거한 후 함께 넣어 섞어줍니다.

## 5 물김치 국물 붓기

물김치 국물을 붓고 하루 정도 보관한 후 먹습니다.

밭에서 나는 인삼

# 더덕소박이

더덕은 쌉쌀한 맛과 아삭아삭한 질감이 인삼과도 비교될 정도의 폐에 좋은 건강 식품이에요. 일반적으로 더덕은 두들겨서 무침이나 구이를 해 먹지만 가늘고 여린 것들로 골라 김치를 담가 바로 먹으면 보약만큼 훌륭합니다.

김치재료

**재료** | 더덕(500g), 굵은 소금(2), 물(1컵)

**소** | 부추(20g), 쪽파(30대), 홍고추(2개)

**양념** | 김치양념(3), 설탕(0.5), 멸치액젓(2), 다진 마늘(0.5)

더덕을 벗길 때는 더덕 진 때문에 손에 달라붙으므로 위생 비닐장갑을 끼거나 기름을 약간 발라서 벗기는 것이 좋습니다.

소금물에 절이면 쓴 맛이 우러나옵니다.

## 1  더덕 손질하기

더덕은 껍질을 벗겨 양끝 1cm 정도만 남기고 가운데 칼집을 넣어줍니다.

## 2  더덕 절이기

소금물에 30분간 절인 후 헹구어 건집니다.

## 3  소재료 썰기

홍고추는 반을 갈라 씨를 빼고 쪽파, 부추도 잘 정리하여 송송 썹니다.

## 4  양념만들기와 소 버무리기

분량의 양념 재료들을 고루 섞어준 후 3에서 썰어둔 소재료를 넣고 버무립니다.

## 5  소 넣기

젓가락을 이용해 더덕에 소를 넣어줍니다.

## 6  보관하기

통에 차곡차곡 잘 넣어 눌러줍니다. 냉장보관하여 바로 먹어도 좋습니다.

### 영양정보 - 더덕

인삼의 주요성분인 사포닌이 더덕에도 들어있습니다. 이 사포닌은 기침을 멎게 하고, 가래를 삭이는 효과가 있습니다. 위, 폐, 비장, 신장 등 내장기관을 튼튼히 하고 피로를 없애는 강장효과뿐 아니라 여성의 월경불순, 피부미용에 탁월한 효과가 있으며 모유 분비를 촉진시키는 효과도 있습니다.

Special tip

# 콜레스테롤을 잡아주는
# 양파김치

양파의 매운 맛이 김치가 숙성되면서 달게 느껴집니다. 건강을 생각하여 양파를 챙겨 먹고 싶어도 조리법의 한계를 느끼는 분들께 적극 추천하고픈 김치입니다. 삼겹살과 함께 쌈을 싸 먹으면 찰떡궁합이기도 합니다.

**재료** ┃ 양파(중간 크기 6개)

**양념** ┃ 김치육수(1/4컵), 김치양념(5), 멸치 액젓(2), 설탕(1), 고운 소금(1)

## 1 양파 썰기

양파는 껍질을 벗겨 씻은 후 반으로 썰고 다시 가로로 반 갈라 2cm 길이로 자릅니다.

## 2 양념 만들기

분량대로 양념을 넣고 잘 섞어줍니다.

## 3 양파 버무리기

썰어둔 양파를 양념과 함께 버무립니다.

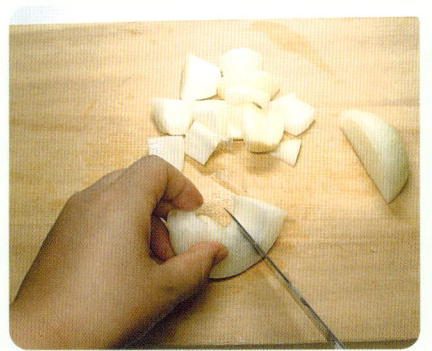
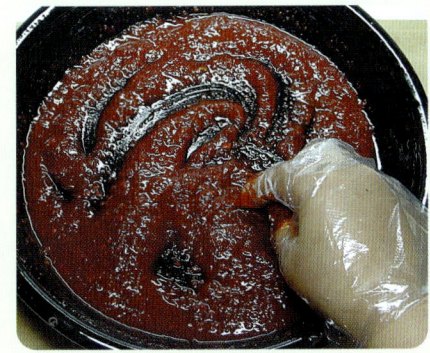

## 4 보관하기

통에 담아 익혀서 먹습니다.

### 영양정보 - 양파

**Special tip**

1 양파는 절이면 수분이 너무 빠져 씹는 질감이 떨어지므로 절이지 않고 그냥 담급니다.

2 양파 껍질을 벗기면 눈물이 나오는데 이것은 성분에 자극이 강한 유화아릴이 포함되어 있기 때문입니다. 이는 비타민 B1의 흡수와 이용률을 높여주고 스태미나 강화와 위장기능의 활성화에도 효과를 발휘합니다. 또한 양파는 혈액 속의 지방과 콜레스테롤을 녹여주어 동맥경화 및 고지혈증을 예방해주고 혈압을 낮추어 고혈압에도 효과적입니다. 양파는 날 것과 굽거나 튀기거나 삶거나 말리거나 그 약용효과에 있어서는 차이가 없습니다.

### 요리정보 - 양파피클

**Special tip**

**재료** 양파(5개), 셀러리(1줄기), 월계수 잎(2장), 정향(3개), 물(1컵), 식초(2컵), 설탕(1+1/2컵), 소금(4), 마른 청양고추(3개)

1 양파는 껍질을 벗겨 4등분 합니다.

2 소금(2)에 물(3컵)을 넣고 소금물을 만들어 잘라놓은 양파를 40분 정도 담갔다가 체에 담아 물기를 뺍니다.

3 식초, 설탕, 소금, 물을 냄비에 넣고 끓여 식힙니다.

4 담아놓을 용기에 물기를 뺀 양파와 마른 청양고추, 셀러리, 월계수 잎, 정향을 담고,

5 끓여서 식힌 식초물을 부어 공기가 통하지 않게 밀봉하여 냉장보관합니다.

6 3일이 지나면 식초물을 따라서 끓인 후 다시 식혀서 붓기를 2번 합니다.

# 단백질 소화와 변비 예방에 탁월한
# 연근유자 물김치

혈압이 높은 사람이나 스트레스를 받는 직장인에게 좋은 식품이 바로 연근입니다. 유자와 함께 담가 국물이 향긋하고 비타민 C도 함께 섭취할 수 있어 좋습니다. 연근의 끈적이는 뮤신이라는 성분은 콜레스테롤을 저하시키므로 고기와 함께 먹으면 영양적 균형을 이룹니다.

**재료** | 연근(1kg), 유자차(3), 식초(4), 통후추(0.5)
**김칫국물** | 물김치 국물(10컵), 식초(1/2컵)

필러가 없다면 10CM 정도로 자른 후, 돌려깎기 하세요.

연근의 변색을 막기 위해 식초 물에 살짝 더져줍니다.

## 1 연근 손질하기

연근은 씻어 필러로 껍질을 벗긴 후 0.5cm 두께로 통썰기 합니다.

## 2 연근 데치기

끓는 물에 식초(2)를 넣고 연근을 살짝 데친 후 재빨리 찬물에 헹굽니다.

## 3 식초에 절이기

식초와 유자차, 통후추를 연근에 버무려 1시간 정도 재워둡니다.

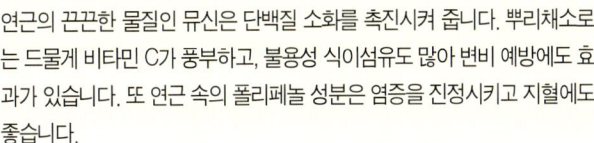

### 요리정보

1 비트를 넣어 주면 붉은 빛이 돌아 식욕을 돕는 역할을 합니다. 비트와 비슷한 색의 백련초도 있지만 열과 산에 약해 변색될 뿐만 아니라 물이 괴면 점성이 생겨 국물이 탁해질 수 있습니다.

2 연근을 아주 얇게 슬라이스 하여 단촛물에 백련초가루나 치자를 넣고 하루 정도 냉장보관하였다가 초밥을 만들어도 좋고 고기와 같이 먹어도 좋습니다.

## 4 김칫국물 붓기

재워둔 연근에 미리 준비해둔 김칫국물을 붓습니다.

### 영양정보 – 연근

연근의 끈끈한 물질인 뮤신은 단백질 소화를 촉진시켜 줍니다. 뿌리채소로는 드물게 비타민 C가 풍부하고, 불용성 식이섬유도 많아 변비 예방에도 효과가 있습니다. 또 연근 속의 폴리페놀 성분은 염증을 진정시키고 지혈에도 좋습니다.

# 독소를 제거하고 피를 맑게 해주는
## 우엉김치

우엉의 대표적인 조리법으로 많은 사람들이 조림을 먼저 떠올립니다. 하지만 고춧가루와 마늘을 많이 넣고 김치로 담가보세요. 우엉의 향을 그대로 느낄 수 있고, 식이섬유와 미네랄 함량이 많아 피부가 좋아지는 것은 물론, 성인병 예방에도 효과적입니다.

### 김치재료

**재료** | 우엉(1kg), 쪽파(6대), 굵은 소금(2), 물(1컵)

**양념** | 김치양념(5), 다진 마늘(1), 멸치액젓(2)

우엉을 어슷하게 썬 후 물에 담가 검은 물을 몇 차례 우려내면
아린 맛이 없어집니다. 식초물에 데쳐 담그기도 하는데 식초물에
데치면 우엉이 검어지는 것을 막을 수 있습니다.

## 1 우엉 손질하기
우엉은 굵지 않은 것으로 골라 껍질을 벗긴 후 어슷하게 썹니다.

## 2 우엉 절이기
썰어놓은 우엉은 소금물에 20분간 절인 후 헹구어 물기를 뺍니다.

## 3 양념만들기
분량의 양념 재료를 잘 섞어줍니다.

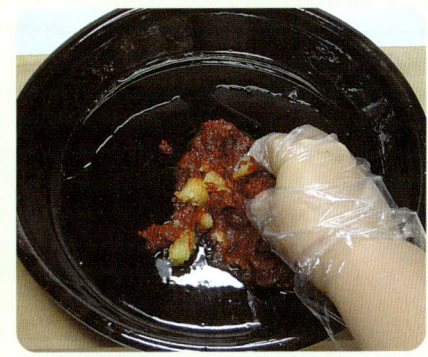

## 4 우엉 버무리기
만들어둔 양념에 우엉을 넣고 고루 버무립니다.

## 5 쪽파 넣기
우엉을 잘 버무린 후 3cm 길이로 썬 쪽파를 넣고 함께 잘 버무려줍니다.

## 6 담기와 보관하기
김치통에 꾹꾹 눌러 담습니다.

익혀서 냉장보관하여 먹습니다.

**Special tip**

### 영양정보 - 우엉
식이섬유와 미네랄 함량이 많아 성인병 예방에 좋으며 우엉의 당질은 간의 독소를 제거하고 피를 맑게 해주므로 당뇨병과 심장병에 좋습니다. 또한 강장효과가 있어 정신력과 체력을 강화시켜 줍니다. 약효는 좋지만 영양분이 그다지 많지 않아 표고버섯이나 들깨 등과 함께 조리해서 먹으면 좋습니다.

영원한 강장식품, 인삼으로 담근

# 인삼물김치

사포닌이란 대표적인 성분이 두뇌와 성인병 예방 등에 좋은 인삼은 온 국민의 강장식품으로 오랫동안 사랑 받아온 식재료
입니다. 맑은 김칫국물에 쌉쌀한 인삼을 넣어 식욕과 건강을 함께 챙길 수 있는 의식동원의 기본정신이 담긴 김치랍니다.

김치재료

**재료** | 배추(500g), 수삼(2뿌리), 오이(1개),
쪽파(10줄기), 레드래디쉬(2개), 고운 소금(1)
**김칫국물** | 물김치 국물(10컵)

레드래디쉬는 대형마트에서 구입할 수 있습니다.

## 3 재료 썰기

수삼은 잔뿌리를 제거하여 깨끗이 씻어 2~3등분하여 나박하게 썰고, 쪽파는 3cm, 오이는 2cm 길이로 인삼과 비슷한 크기로 썹니다. 레드래디쉬는 원형대로 썰어둡니다.

## 1 배추 썰기

배추는 속대로 반 갈라 2cm × 3cm 길이로 썹니다.

## 2 배추 절이기

고운 소금을 넣어 10분 정도 절여 줍니다.

### 요리정보

수삼을 너무 많이 넣으면 국물이 씁쓸해집니다. 남은 수삼뿌리는 겉절이와 함께 무치거나 양이 많다면 초고추장에 양념하여 고기와 함께 먹어도 좋습니다.

**Special tip**

### 영양정보 - 인삼

인삼은 생체 내에서 단백질 합성을 촉진하고, 부분 절제한 간의 재생율을 증가시키며, 급성 간장 장애에 대한 간 기능 회복 효과, 간의 콜레스테롤 대사 촉진 효과, 숙취 해소 효과 등 간염환자에 대한 탁월한 효과가 입증되었습니다. 인삼은 알코올의 체내대사 및 배설을 촉진함은 물론 알코올로 인해 간이 상하는 걸 막아 줍니다.

**Special tip**

## 4 재료 섞기와 국물 붓기

절인 배추에 3을 섞어 물김치 국물을 붓고 익혀 먹습니다.

# 정신력 집중이 필요한 수험생에게 좋은
# 죽순물김치

죽순은 피와 정신을 맑게 하여 스트레스가 많고 정신력 집중이 필요한 수험생에게 좋은 식품입니다. 섬유질 함량이 많아 변비 예방에도 좋기 때문에 한참 예민하여 장 활동이 활발하지 않은 여학생들에게 특히 적극 추천하고 싶은 김치입니다.

**재료** | 죽순(1kg, 껍질 벗긴 것), 무(300g), 쪽파(50g), 미나리(50g), 고운 소금(2), 물김치 국물(22컵), 비트즙(3), 굵은 소금(2)

죽순은 아린맛을 제거하는 것이 맛내기의 포인트인데
데칠 때 쌀뜨물을 이용하여 아린맛을 없애며 2~3일 정도 찬물에
담글 때에는 3회 정도 물을 바꿔주는 게 좋습니다.

## 1 죽순 손질하기

죽순은 쌀뜨물에 삶아서 소금물
에 2~3일 정도 담가 아린 맛을 뺍니다.

## 2 무 썰기와절이기

무는 납작하게 썰어 굵은 소금(2)
에 30분 정도 절입니다.

## 3 죽순, 파, 미나리썰기

죽순은 빗살무늬를 살려서 썰고,
쪽파와 미나리는 3cm 정도의 길이로 썰
어 준비합니다.

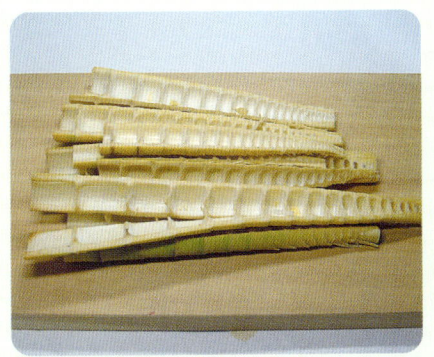

비트를 강판에 갈아
면보에 걸러 즙을 냅니다.

## 4 재료섞기

준비한 재료를 모두 섞어줍니다.

## 5 비트즙섞기

준비한 물김치 국물에 비트즙을
섞어 물들입니다.

## 6 물김치 국물붓기

4에 비트물김치 국물을 붓고 고
운 소금(2)으로 간을 맞춥니다.

Special tip

### 영양정보 - 죽순

비타민은 적지만 질 좋은 단백질과 무기질, 섬유질이 풍부합니다.  티로신이라는 성분은 몸속의 대
사 작용을 촉진하고, 무기질은 체내 염분을 조정하여 혈중 콜레스테롤을 저하시켜 고혈압, 동맥경
화, 성인병 예방에 좋습니다.

단백질, 무기질, 섬유질까지 풍부한

# 죽순유자청김치

죽순이 많이 나는 제철에 담가 먹으면 좋은 별미김치로 아삭아삭한 죽순에 향긋한 유자를 넣어 입맛을 살려줍니다.
죽순물김치와 동시에 담가 아침, 저녁상에 교대로 상차림을 하여도 좋습니다.

김치재료

**재료** ┃ 죽순(1.5kg), 쪽파(6뿌리)

**양념** ┃ 김치양념(5), 유자청(3), 까나리액젓(2),
절인 유자(3)

**헹구는 물** ┃ 고운 소금(1), 물(1/2컵)

죽순은 껍질이 벗겨진 제품을 구매하면 훨씬 담그기가 편리합니다.

죽순은 봄철에만 잠깐 나오므로 시기를 놓치면 캔제품을 이용해도 좋습니다. 캔제품 이용시 30분 정도 물에 담갔다가 사용합니다.

### 1 죽순 손질하기
죽순은 껍질이 벗겨진 걸로 준비합니다.

### 2 죽순 삶기
쌀뜨물에 삶은 후 소금물에 2~3일 정도 담가 죽순의 아린 맛을 빼줍니다.

### 3 죽순과 쪽파썰기
죽순은 빗살무늬가 나오도록 썰고 쪽파는 4cm 길이로 썹니다.

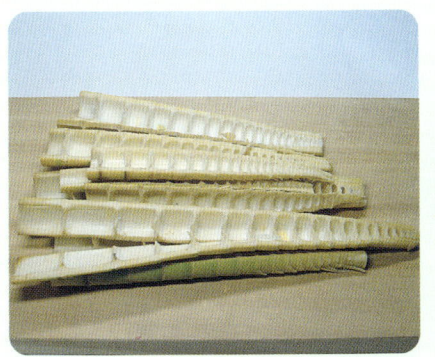

### 4 김치양념하기
썰어둔 재료를 한 곳에 담고 김치양념과 절인 유자, 유자청, 까나리액젓을 넣습니다.

### 5 김치 버무리기
재료를 양념과 고루 버무려줍니다.

### 6 김칫국물 만들어 붓기
김치를 통에 담고 버무린 용기에 남은 양념은 물(1/2컵)과 고운 소금(1)을 넣고 고루 섞어 김칫국물을 만들어 붓습니다.

완성된 김치는 통에 담아 1~2일 정도 숙성시킨 후 냉장보관합니다.

# 가슴부터 목까지 통증을 뻥 뚫어주는
# 통 도라지김치

노래 잘하는 가수, 이용이 목을 보호하는 비결은 방금 껍질을 벗긴 도라지를 꼭 밥상에 올리는 것이랍니다. 그만큼 목에 좋은 식품이 바로 도라지입니다. 쌉쌀한 맛의 통 도라지를 통으로 담가 상에 내기 전에 썰어 내는 김치로 쌉쌀한 맛을 제거하고 담그는 게 중요한 포인트입니다.

**재료** | 통 토라지(500g), 굵은 소금
(0.5), 물(1컵), 실파 약간
**양념** | 김치양념(2.5), 까나리액젓(1),
설탕(0.5)

도라지를 씻을 때는 소금물에 바락바락 주물러 씻어야 특유의 쓴쓴한 맛을 없앨 수 있습니다.

## 1 통도라지 손질하기

통 도라지는 깨끗이 씻어 껍질을 벗겨 반으로 가릅니다.

## 2 소금에 주물러씻기

도라지는 굵은 소금에 30분간 절인 후, 주물러 씻어 쓴쓴한 맛을 제거합니다.

## 3 양념만들기

분량의 양념을 섞어 준비합니다.

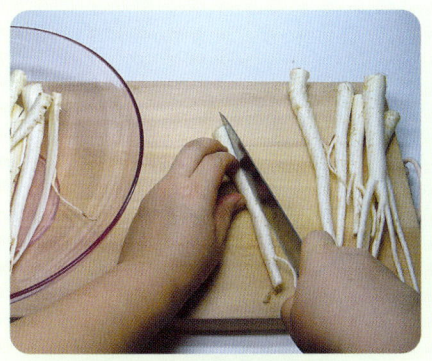

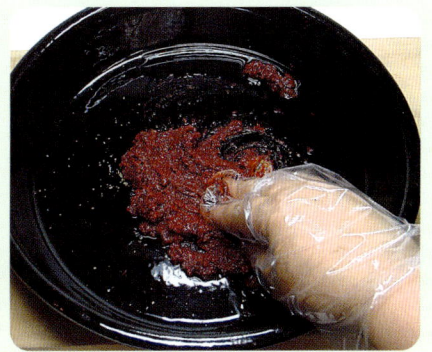

**Special tip**

### 영양정보 - 도라지

도라지는 한약 이름으로는 길경이라고 하는데, 주로 폐에 담이 막혀 있는 것을 뚫어주고, 가슴 부위에 기가 뭉쳐있는 것을 흘어주는 효과가 있습니다. 그래서 기침을 멎게 하고, 가래를 삭혀주고, 기가 막히고 담이 있어서 생기는 가슴과 목의 통증을 낫게 하는 효과가 있습니다.

## 4 버무리기

준비해 둔 도라지에 양념을 넣고 버무립니다.

실파는 함께 버무리지 말고 고명으로 먹기 직전에 얹어 준비해냅니다.

## 5 보관하기

도라지김치를 통에 눌러 담고 서늘한 곳에 두고 먹습니다.

상에 낼때 통깨를 뿌려서 내세요.

도라지에 쓴쓴한 맛이 있기 때문에 2~3일 후에 먹습니다.

녹차와인장아찌 · 마늘장아찌 · 마늘쫑장아찌 · 매실장아찌 · 무숙장아찌
산초장아찌 · 새송이버섯장아찌 · 솔잎오이지장아찌 · 양파장아찌
오이숙장아찌 · 채소모둠장아찌 · 콩잎장아찌

# 새콤달콤 짭조름한
# 장아찌김치

PART5

남은 와인으로 깊은 맛을 완성하는

# 녹차와인장아찌

삼겹살 전용 장아찌로 우리 집 냉장고 한 쪽에 늘 자리하고 있는 장아찌예요. 와인을 넣어 숙성시켜 여름 피서철에 꼭 빠지지 않고 챙기는 밑반찬이기도 하죠. 만드는 법도 간단하고 취향에 따라 매운 맛을 좋아할 경우 풋고추대신 청양고추를 더 넣어도 좋답니다.

요리재료

**재료** | 청양고추(10개), 풋고추(12개), 홍고추(10개), 양파(작은 크기 5개), 마늘(10쪽), 녹차 잎(1)

**절임장** | 와인(1+1/2컵), 설탕(1컵), 간장(1+1/2컵)

와인이 달면 설탕 양을 줄입니다.
와인은 레드 와인, 화이트 와인 모두
사용해도 괜찮습니다.

## 1 재료 썰기

녹차를 뺀 모든 재료는 씻어 물기를 거둔 뒤, 한입 크기로 썰며 마늘은 반으로 가릅니다.

## 2 통에 담기

1의 재료들을 보관할 통에 담습니다.

## 3 절임장 만들기

와인과 간장에 설탕을 넣고 저어가며 녹입니다.

## 4 절임장 붓기

2에 녹차 잎을 넣고 절임장을 붓습니다.

## 5 보관하기

일주일 동안 냉장고에서 숙성시킨 뒤 꺼내 먹습니다.

노화를 막아주는 식품으로
토마토, 녹차, 붉은 포도주, 마늘이 있습니다.
그중에 3가지가 이 장아찌 하나로
먹을 수 있으니 꼭 만들어 드세요.

### 요리정보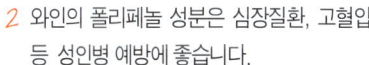

1 녹차의 카데킨 성분은 차 속의 카페인과 결합해 카페인의 체내 흡수를 방해할 뿐만 아니라 혈관 속 지방을 체외로 빼는데 효과적입니다.

2 와인의 폴리페놀 성분은 심장질환, 고혈압 등 성인병 예방에 좋습니다.

3 마늘은 강장효과가 뛰어난 스태미나 식품 중 하나입니다. 최근에는 미국 국립암연구소에서 가장 항암 효과가 좋은 식품으로 발표되었고, 간세포와 뇌세포의 퇴화를 방지하는 항노화작용도 탁월한 것으로 알려지고 있습니다. 알이 작고 단단하며 잔뿌리가 달려 있는 것이 특징인 국산 마늘은 다른 나라의 마늘에 비해 항암 효과가 월등하다고 알려져 있습니다.

4 고기와 함께 먹으면 와인과 녹차가 어울려 고기의 누린 맛도 제거하고 지방분해 효과도 있습니다.

# 간편하게 만들어 건강을 저장하는

# 마늘장아찌

연한 햇 마늘을 식초 물에 삭혀 초간장을 부으면 완성되는 간편한 장아찌입니다. 몸 속에서 여러가지 기능을 발휘하는 마늘은 껍질을 벗기고 담궈서 먹기에도 편리합니다.

**요리재료**

**재료** | 깐 마늘(1.5kg)

**삭힘장** | 물(10컵), 소금(1/2컵), 식초(2컵), 간장(2컵)

**절임장** | 삭힘장(2컵), 식초(1컵), 설탕(1/4컵)

## 1 마늘 손질하기
햇 마늘을 먹기 편하게 껍질을 벗긴 후 보관할 용기에 담아둡니다.

## 2 마늘 삭히기
깐 마늘에 삭힘장을 붓고 2일 정도 지나면 삭힘장을 따라냅니다.

## 3 절임장 만들기
분량의 절임장 재료를 넣고 끓입니다.

**요리정보**  Special tip

1 볶음밥에 넣어 먹어도 맛이 좋습니다.

2 마늘을 까서 다져 놓았을 때 녹색이나 갈색으로 변하는 것은 산화에 의한 것이고, 녹변이 되는 이유는 마늘조직 내에 있는 효소작봉 때문입니다. 가열처리 할 경우 녹변현상이 일어나지 않습니다.

## 4 절임장 붓기
한 김 나간 절임장을 삭힌 마늘에 부어줍니다.

## 5 보관하기
2~3일 간격으로 절임장을 끓인 후 식혀 붓는 과정을 3회 반복합니다. 한 달 뒤에 꺼내 먹습니다.

**영양정보 - 마늘**  Special tip

마늘의 대표적인 성분인 알리신(allicin)과 여러 가지 항황화합물, 그리고 무기질은 혈중 지방 저하효과, 항응고 효과, 혈압저하효과, 살균 소독효과, 항산화효과 등이 있는 뛰어난 강장식품입니다. 식초물에 일주일 정도 담가 하루 세 번 공복에 몇 알씩 먹으면 다이어트에 효과가 있습니다.

그냥 먹어도, 밥에 볶아 먹어도 감칠맛은 그대로

# 마늘쫑장아찌

여린 마늘쫑을 시원한 다시마 육수와 간장으로 절여 감칠맛을 내는 장아찌입니다. 요리재료로 활용도가 높아 한번 만들어
두면 두고두고 유용하게 쓸 수 있습니다.

### 요리재료

**재료** | 마늘쫑(작은 것 4단)

**절임장 육수** | 물(5컵), 다시마(10cm×10cm 1장),
마른 고추(3개)

**절임장** | 절임장(4컵), 간장(4컵), 식초(2컵), 설탕(2컵)

많은 양을 하거나 마늘쫑이 억셀 때는
소금물에 삭혀서 담가야 섬유소가
연해져 질기지 않습니다.

## 1 마늘쫑 손질하기

가늘고 여린 마늘쫑을 손질 후 씻어서 담는 용기에 맞게 잘라 넣습니다.

## 2 절임장 육수 만들기

절임장 육수 재료를 불에 끓이다 끓기 시작하면 다시마를 건져낸 후, 4컵 분량이 되도록 끓입니다.

## 3 절임장 끓이기

2에 간장, 설탕, 식초를 넣고 마저 끓여줍니다.

### 요리정보 | Special tip

1  고추장, 간장, 물엿, 참기름, 통깨에 무쳐 먹어도 맛있어요. 마늘종 장아찌가 많이 새콤할 경우에는 1~2시간 정도 물에 담갔다가 물기를 뺀 다음에 무치면 됩니다.

2  해물과 함께 볶음밥에 넣어도 좋고, 다진 고기와 함께 주먹밥에 넣어도 좋습니다.

## 4 절임장 붓기

절임장이 한 김 나가면 1에 부어줍니다.

## 5 마늘쫑 누르기

무거운 걸로 눌러줄 때는 깊이감이 있는 그릇을 엎어 뚜껑을 덮으면 자연스럽게 눌러집니다. 2일에 한번씩 절임장을 끓여 식혀서 붓기를 3회 반복합니다.

비닐봉지에 물을 담아
물이 세지 않도록 한 다음 그릇 대신
사용해도 좋아요.
깊이를 쉽게 맞출 수 있습니다.

# 1년 내내 우리 가족 건강지킴이

# 매실장아찌

매년 늦봄이나 초여름쯤 매실로 연례행사를 합니다. 가정의 상비약으로 매실원액을 담그고, 아버지가 좋아하시는 매실주도 담그고, 또 하나 빼놓을 수 없는 것이 바로 이 매실장아찌랍니다. 매실의 씨를 빼는 게 큰일처럼 느껴지지만 마늘 다지기를 이용하면 문제없습니다.

요리재료

**재료** | 청매실(2kg), 소금(2)

**절임장** | 고추장(3컵), 소주(6), 설탕(1+1/2컵), 마늘(10쪽)

## 1 매실 씨 빼기

매실은 단단한 청매실로 골라 물에 씻어 물기를 제거한 후 마늘 다지기를 이용하여 씨를 뺍니다.

## 2 매실육 절이기

씨를 뺀 매실은 소금에 4시간 정도 절여둡니다.

## 3 매실육 말리기

절인 매실은 흐르는 물에 헹구어 1~2일 정도 말립니다.

## 4 매실육 버무리기

말린 매실육을 절임장에 버무립니다. 이때 마늘은 저며서 넣어줍니다.

## 5 보관하기

공기를 차단하기 위해 랩을 덮어둡니다. 약 20일 정도 지나면 먹을 수 있습니다.

**Special tip**

### 영양정보 - 매실

1 매실에 들어있는 구연산을 비롯한 수종의 유기산이 타액의 분비를 촉진시키는 동시에 쇠퇴되어 있는 위의 작용을 도와서 소화를 촉진시켜 줍니다. 유기산은 소화를 도울 뿐 아니라 장속의 모든 균에 강한 저항력을 발휘해 식중독에 효과가 큽니다. 또한 칼슘이 다량으로 포함되어 스트레스해소에 좋아 정신적인 피로가 오기 쉬운 현대인들에게 더할 나위 없이 좋은 식품입니다.

2 매실씨를 깨끗이 씻어 말려 베개 속에 넣어 줘도 좋습니다.

바로 담가서 먹을수 있는

# 무숙장아찌

무숙장아찌는 무숙장과, 혹은 무갑장과라고도 합니다. 불로 익혀서 만든 장아찌를 일컫습니다. 장아찌는 제철의 채소를 이용하여 된장, 간장, 고추장 등에 오랫동안 박아두었다가 먹는 것으로 먹는 데까지 많은 시간을 기다려야 합니다. 이에 반해 갑장과는 장아찌처럼 오랫동안 묵혀두는 것이 아니고 갑자기 만들었다고 해서 붙여진 이름이랍니다.

요리재료

**재료** | 무(300g), 쇠고기(50g), 미나리(3대), 통깨(0.3), 식용유, 실고추, 참기름, 설탕 약간씩
**무절임** | 간장(5), 설탕(0.3)
**쇠고기 양념** | 간장(0.5), 설탕(3), 참기름, 후추, 다진 마늘 약간씩

144

## 1 무 썰기
무는 두께 0.6cm, 길이 5cm 막대
모양으로 썹니다.

## 2 무 절이기
썰어둔 무에 분량의 무절임 양념을
넣고 절입니다.

## 3 미나리 썰기
미나리는 4cm 길이로 썹니다.

## 4 절인 무 짜기
무에 간장물이 들면서 간장이 싱
거워지면 무를 건져 면보에 싸 물기를 빼
줍니다.

## 5 재료 볶기
쇠고기는 곱게 채 썰어 양념해 두
고 미나리 → 무 → 쇠고기 순으로 볶습니
다. 무를 볶을 때는 설탕을 약간 넣고 볶
습니다.

## 6 완성하기
볶은 재료들을 실고추, 통깨, 참
기름을 넣고 살짝 버무린 후, 그릇에 담아
줍니다.

강력한 자연 구충제
# 산초장아찌

산초장아찌는 산초열매가 파랗고 연할 때 따서 식초 물에 삭혀 간장 물을 부어주는데, 예전에는 절에서 많이 담가 먹었으나
요즘은 맛을 보기가 어렵습니다. 산초는 구충력이 뛰어나며, 위를 따뜻하게 보호해 주기도 한답니다.

**요리재료**

**재료** | 산초(500g)

**삭힘장** | 식초(2컵), 물(2컵)

**절임장** | 삭힌장(3+1/2컵), 간장(3+1/2컵)

146

장아찌용 산초 열매는 8월중 잠깐 동안만 시장에서 구입할 수 있습니다. 모든 재료가 그렇듯 제철에 구입하여 담가먹는 것이 좋겠죠?

## 1 산초 준비하기
산초 열매가 파랗고 연할 때 구입하여 줄기는 대강 떼어냅니다.

## 2 산초 씻기
산초 열매는 흐르는 물에 씻어 소쿠리에 담아 물기를 뺍니다.

## 3 삭힘장 붓기
2를 통에 담아 삭힘장을 붓고 떠오르지 않게 접시나 돌을 눌러 10일 정도 담가 매운 맛을 삭혀줍니다.

## 4 삭힘장 따라내기
10일이 지나면 삭힘장을 따라냅니다.

## 5 절임장 끓이기
분량대로 절임장 재료를 넣어 끓여서 식힙니다.

## 6 절임장 붓기
삭힌 산초열매에 5를 붓고 3~4일 간격으로 2~3회 절임장을 끓여서 식혀 붓기를 반복해 줍니다.

고추장아찌에 산초를 넣으면 색다른 향의 장아찌를 맛볼 수 있습니다.

15일이 지난 후부터 먹을 수 있습니다.

귀한 분께 드리는 특별한 선물

# 새송이버섯장아찌

귀한 분에게 선물할 때 주로 준비하는 음식 중 한가지입니다. 작은 백자항아리에 새송이버섯장아찌만 담아도 좋고 조금 넉넉한 항아리에 여러 가지 버섯을 넣어 만든 장아찌를 넣어도 좋습니다. 받는 분의 고마워함과 기쁨이 그 어느 선물과도 비교할 수 없을 만큼 큽니다.

요리재료

**재료** | 새송이버섯(500g)

**양념장** | 김치육수(2컵), 간장(6), 맛술(2), 청주(2), 물엿(2), 설탕(1), 통후추(0.5), 마른 고추(1개), 참치액젓(0.3)

새송이버섯을 장아찌용으로
작은 것을 적당하게 사도록 합니다.

반드시 김치육수를 넣어야
감칠맛이 더해집니다.

## 1 새송이버섯 손질하기

장아찌용으로 준비하여 소금물에
가볍게 헹구어 물기를 빼줍니다.

## 2 조림장만들기

김치육수에 분량의 양념장 재료를
넣고 끓으면 불을 줄여 10분 정도 더 끓여
줍니다.

## 3 건져내기

마른 고추와 통후추는 건져냅니다.

### 요리정보

**Special tip**

남은 장아찌 국물은 버리지 말고 불고기감 쇠
고기 약간과 파, 팽이버섯을 넣고 끓이다 달걀
을 풀어 일본식 덮밥으로 만들어 먹어도 별미
랍니다.

## 4 새송이버섯 넣기

조림장에 새송이버섯을 넣고 끓
으면 불을 줄여 10분 정도 더 끓인 후, 불
을 끕니다.

## 5 보관하기

바로 먹어도 되지만 통에 담아 식
으면 냉장고에 넣고 3일 정도 지난 후에
먹습니다.

### 영양정보 - 새송이버섯

**Special tip**

새송이버섯은 비타민 B군의 함량이 다른 버섯
에 비해 높습니다. 특히 비타민 B, C가 함유되
어 있는데, 비타민 C의 경우 느타리버섯의 7
배, 팽이버섯의 10배로 함량이 가장 높은 것으
로 나타났습니다. 필수아미노산 10종 중 9종
을 함유하여 식품적 가치가 높고, 쫄깃한 질감
이 다른 버섯에 비해 우수하여 요즘 식탁에 자
주 오르는 버섯입니다.

젊음을 유지하는 향기가 솔솔

# 솔잎오이지장아찌

한번 맛본 사람은 어떻게 만드는지 꼭 물어보는 음식 중 하나입니다. 재료는 솔잎만 준비한다면 어려울 것이 없는 쉬운 요리입니다. 국물도 짜지 않아 함께 먹을 수 있고, 단 맛이 강한 피클이 싫다면 솔잎오이지를 만들어 피자나 스파게티 등을 먹을 때 함께 내놓으면 좋습니다.

요리재료

**재료** | 백오이(10개), 양파(큰 크기 2개), 청양고추 (10개), 통후추(1), 소나무가지(3개)

**절임장** | 물(15컵), 소금(1컵), 설탕(1컵), 식초(1컵)

150

소나무 가지는 먼지가 많으므로 세제를 이용하여 씻은 후 여러 번 헹구어 넣도록 합니다.

고추에 구멍을 뚫어줘야 속까지 장이 들어가 맛있습니다.

백오이로 담급니다.

## 1 오이 준비하기와 통에 담기
오이는 소금으로 깨끗하게 씻어 길이에 맞는 통에 담습니다.

## 2 통에 재료 담기
청양고추는 이쑤시개로 구멍을 3개 정도 내어 오이와 함께 담습니다. 통후추와 소나무가지도 가지런히 담아줍니다.

## 3 절임장 끓이기
분량의 절임장을 끓여줍니다.

요리정보

1 국물이 짜지 않아 남은 국물로 미역 냉국을 해 먹어도 좋습니다.

2 소나무가지를 구하기 어려울 경우 대신 마늘쫑을 넣어줘도 좋습니다

## 4 절임장 붓기
한 김 나간 절임장을 2에 부어줍니다.

## 5 오이 누르기
햇 양파는 썰어 오이가 떠오르지 않도록 올려두고, 실온에 3일 정도 둔 후 냉장보관하여 먹습니다.

영양정보 – 솔잎

솔잎의 주요 성분은 엽록소와 비타민 A, 비타민 C인데 이는 혈액을 정화하고 괴혈병을 예방하며, 엽록소는 혈액 생산이나 육아 발육에 좋습니다. 특히 솔잎에 포함된 옥시파르티민산은 세포를 젊어지게 하여 노화를 방지하며 젊음을 유지시켜 주는데 강력한 효과가 있다고 보고 되었습니다. 그밖에도 단백질 조지방(粗脂肪)과 인, 철, 효소, 미네랄 등 특수한 유효성분이 많이 들어 있습니다.

조금씩 남아 있는 채소를 모아서 만드는

# 채소모듬장아찌

여름철 절여둔 오이와 흔히 구할 수 있는 채소들을 모아 만든 장아찌입니다. 짜지 않고 새콤달콤하게 절인 맛이 상큼해요.
구색을 맞추기 위해 똑같은 재료를 사용할 필요는 없고, 먹다 남은 채소나 흔한 채소들을 사용하여 담가도 좋습니다.

요리재료

**재료** | 샐러리(1단), 오이지(3개), 청양고추(10개),
홍고추(5개), 양파(2개), 무(1/2개), 소금(1)

**절임장** | 물(3컵), 간장(3컵), 식초(3컵), 설탕(12),
마른 고추(2개), 생강(1톨), 통후추(1)

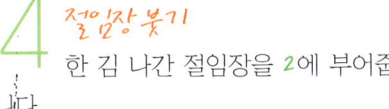

소나무 가지는 먼지가 많으므로
세제를 이용하여 씻은 후 여러 번 헹구어
넣도록 합니다.

백오이로 담급니다.

고추에 구멍을 뚫어줘야
속까지 장이 들어가 맛있습니다.

## 1 오이 준비하기와 통에 담기

오이는 소금으로 깨끗하게 씻어 길이에 맞는 통에 담습니다.

## 2 통에 재료 담기

청양고추는 이쑤시개로 구멍을 3개 정도 내어 오이와 함께 담습니다. 통후추와 소나무가지도 가지런히 담아줍니다.

## 3 절임장 끓이기

분량의 절임장을 끓여줍니다.

## 4 절임장 붓기

한 김 나간 절임장을 2에 부어줍니다.

## 5 오이 누르기

햇 양파는 썰어 오이가 떠오르지 않도록 올려두고, 실온에 3일 정도 둔 후 냉장보관하여 먹습니다.

**요리정보**

1 국물이 짜지 않아 남은 국물로 미역 냉국을 해 먹어도 좋습니다.

2 소나무가지를 구하기 어려울 경우 대신 마늘쫑을 넣어줘도 좋습니다.

**영양정보 - 솔잎**

솔잎의 주요 성분은 엽록소와 비타민 A, 비타민 C인데 이는 혈액을 정화하고 괴혈병을 예방하며, 엽록소는 혈액 생산이나 육아 발육에 좋습니다. 특히 솔잎에 포함된 옥시파르티민산은 세포를 젊어지게 하여 노화를 방지하며 젊음을 유지시켜 주는데 강력한 효과가 있다고 보고 되었습니다. 그밖에도 단백질 조지방(粗脂肪)과 인, 철, 효소, 미네랄 등 특수한 유효 성분이 많이 들어 있습니다.

아삭아삭, 칼칼한 맛이 매력

# 양파장아찌

시어머니께서 작은 텃밭에 농사 지은 양파로 담근 장아찌입니다. 작고 단단한 햇 양파를 통으로 식초 물에 삭혀 매운 맛을
뺀 후, 간장에 마른 고추를 불려 갈아 넣어 만들어 양파가 더욱 아삭거리고 고추 때문에 칼칼한 맛의 양파장아찌를 맛 볼 수
있습니다.

🥬 요리재료

**재료** | 햇 양파(2kg)

**삭힘장** | 식초(3컵), 물(3컵)

**절임장** | 간장(3컵), 삭힘장(3컵),
마른 고추(6개)

152

양파는 작고 단단한
햇양파를 고릅니다.

양파는 삭히면서 매운 맛을 빼주고
절임장을 넣었을 때 간이 잘 배게 해줍니다.

1 **양파 손질하기**
꼭지는 잘라내지 말고 껍질을 벗긴 후 씻어 물기를 제거하여 통에 담습니다.

2 **삭히기**
준비한 양파에 삭힘장을 붓고 무거운 것으로 눌러주며, 2일 정도 지나면 삭힘장을 따라냅니다.

3 **절임장 만들기**
마른 고추는 반으로 갈라 불린 후 곱게 갈아넣고, 간장과 따라낸 삭힘장을 분량대로 섞어 함께 끓여줍니다.

**영양정보 - 양파**

양파의 여러 효능 중 주목 받는 것은 혈액을 정화하여 동맥경화나 동맥 내부에 지방물질이 쌓이는 것, 즉 혈전의 형성을 막는 것입니다. 그래서 양파와 함께 고지방을 섭취해도 혈전이 생기지 않아 콜레스테롤 수치를 낮춰줍니다.

Special tip

4 **절임장 붓기**
보관할 용기에 삭힌 양파를 담고 한 김 나간 절임장을 부어줍니다.

5 **보관하기**
2일 간격으로 절임장을 따라내어 끓인 후 식혀 붓는 과정을 3회 반복하고, 일주일 뒤부터 꺼내 먹습니다.

상에 낼 때는 통깨를
솔솔 뿌려서 냅니다.

담근 장아찌가 아닌 볶음 장아찌

# 오이숙장아찌

오이숙장아찌는 오이의 씨를 빼고 막대모양으로 썰어 소금에 절였다가 양념한 쇠고기, 표고버섯을 함께 넣어 볶은 장아찌 입니다. 익힌 장아찌는 생소하겠지만 장문화가 발달된 우리나라는 갑자기 장아찌를 만들어 먹은 경우도 많은데, 그 중 대표 적인 것이 바로 오이숙장아찌랍니다.

요리재료

**재료** | 오이(1개), 쇠고기(50g), 불린 표고버섯(2개), 통깨(0.3), 식 용유, 실고추, 참기름약간씩

**오이절임** | 고운 소금(0.3)

**쇠고기 양념** | 간장(0.5), 설탕(1/4), 참기름, 후추, 다진 마늘 약간씩

**표고버섯 양념** | 간장, 설탕, 참기름 약간씩

절여진 오이의 물기를 제거할 때 면보에 싸서 너무 힘주어 짜면 오이가 부러지거나 물러지기 쉬우므로 주의합니다.

## 1 오이 손질하기

오이는 소금으로 비벼 씻은 후 길이로 4등분하여 씨를 도려내고 다시 반으로 갈라 5cm 길이로 자릅니다.

## 2 오이 절이기

1을 고운 소금(0.3)에 절입니다.

## 3 오이 물기 제거하기

2는 헹구어 면보에 짜 물기를 제거합니다.

## 4 오이 볶기

달구어진 팬에 기름을 살짝 두르고 오이를 재빨리 볶아냅니다.

## 5 표고버섯, 쇠고기양념하여 볶기

곱게 채 썰어 미리 양념해둔 표고버섯과 쇠고기를 볶아줍니다.

## 6 버무리기

그릇에 4와 5를 넣고 실고추, 통깨, 참기름을 첨가하여 버무립니다.

오이는 센 불에 재빨리 볶아 펼쳐서 식혀야 색과 아삭거림을 유지할 수 있습니다.

볶은 재료를 식힌 후에 무쳐야 물기가 생기지 않습니다.

조금씩 남아 있는 채소를 모아서 만드는

# 채소모둠장아찌

여름철 절여둔 오이와 흔히 구할 수 있는 채소들을 모아 만든 장아찌입니다. 짜지 않고 새콤달콤하게 절인 맛이 상큼해요.
구색을 맞추기 위해 똑같은 재료를 사용할 필요는 없고, 먹다 남은 채소나 흔한 채소들을 사용하여 담가도 좋습니다.

**요리재료**

**재료** | 샐러리(1단), 오이지(3개), 청양고추(10개),
홍고추(5개), 양파(2개), 무(1/2개), 소금(1)

**절임장** | 물(3컵), 간장(3컵), 식초(3컵), 설탕(12),
마른 고추(2개), 생강(1톨), 통후추(1)

끓일 때 설탕이 타서
눌어 붙을 수 있으니
잘 저어줍니다.

## 1 절임장 만들기

분량의 모든 재료를 넣고 5분 정도 끓인 후 불을 끄고 식힙니다.

## 2 오이지 담그기

오이지는 반으로 갈라 0.7cm 두께로 썰어 물에 2시간 정도 담가 짠 맛을 우려냅니다.

## 3 무와 양파 절이기

무와 양파는 2cm 길이의 사각형으로 썰어 소금에 15분 정도 절인 후 헹구어 면보에 짜 물기를 제거합니다.

## 4 오이지 물기 제거하기

담가둔 오이지도 체에 밭쳐 물기를 빼고 면보에 물기를 한 번 더 거둬줍니다.

## 5 모든 채소 준비하기

샐러리는 잎을 제거하여 1cm 길이로 자르고, 홍·청양고추도 1cm 길이로 잘라 바구니에 담고 씨를 털어냅니다.

## 6 담그기

절임장은 붓기 직전에 체에 밭쳐 내용물을 제거하고, 병에 썰어둔 채소를 담고 절임장을 부어줍니다.

오이지를 그대로 담그면 짜므로 물에
담가 물기를 제거 한 후에 넣습니다.
아삭한 맛이 일품입니다.

담근 후 일주일 정도 지나면 먹을 수 있습니다.
실온에서 먹을 경우 절임장을 끓여 식혀 붓는 과정을
2차례 정도 해주면 오래 두고 먹을 수 있습니다.
떠오르지 못하도록 무거운 돌이나 꼭 맞는 접시로 눌러줍니다.

특유한 향과 거친 맛의 토속적인 밑반찬

# 콩잎장아찌

콩잎장아찌는 가을에 노란 콩잎을 따서 식초를 넣고 담그기도 하지만, 여름철에 비온 뒤 연한 콩잎을 따서 깻잎처럼 담가
먹기도 합니다. 밤 채와 실고추를 얹어 먹으면 맛뿐만 아니라 보기에도 좋은 여름 밑반찬이 됩니다. 입맛 없을 때 찬 물에
밥을 말아 얹어 먹으면 그 맛이 일품입니다.

**요리재료**

**재료** | 콩잎(100장)

**삭힌 소금물** | 소금(1/2컵), 물(10컵)

**양념장** | 간장(2컵), 설탕(4), 밤(6개), 실고추(1),
다진 마늘(0.5), 다진 생강(0.3)

삭히면서 어느 정도 수분을 제거해야 양념장도 잘 배어들고 보관도 오래할 수 있습니다.

여름 콩잎은 비 온 뒤에 따야 부드럽습니다.

## 1 콩잎 삭히기

잘 손질된 콩잎은 가지런히 소금물에 잠기도록 하여 일주일 정도 삭힙니다.

## 2 삭힌 콩잎 물기 빼기

삭혀진 콩잎은 흐르는 물에 헹구어 소쿠리에 담아 물기를 뺍니다.

## 3 고명 준비하기

밤은 얇게 슬라이스 하여 곱게 채 썰고, 실고추는 1cm 길이로 잘라놓습니다.

## 4 양념장만들기

양념장에 3을 넣고 잘 저어 섞어줍니다.

## 5 켜켜이 재우기

삭힌 콩잎은 물기를 짜주고 한 장 한 장씩 고명을 얹어주면서 켜켜이 재웁니다.

## 6 보관하기

10장씩 한 묶음으로 하여 병이나 통에 차례로 담고 남은 양념장을 부어줍니다.

짠맛이 싫고 금방 먹으려면 간장(2컵)에 다시마 우린 물(1컵)을 끓여서 붓습니다.

일주일이 지난 후에 먹습니다.
10일 이상 두고 먹으려면 양념장을 따라 다시마물(1/2컵)을 합하여 끓여 식힌 후, 다시 부어 보관합니다.

김치돈가스 · 김치밀전병 · 김치잡채 · 김치춘권 · 메밀김치전 · 메밀물김치샐러드
바지락김치죽 · 새우김치만두 · 신 김치달걀말이 · 알타리무 유부초밥 · 김치콩나물국밥
제육볶음 · 두부김치 · 파김치전 · 해물김치볶음밥 · 꽁치김치찌개전골 · 호박김치 고등어조림

# 김치로 만든 다양한
# 별미요리

PART6

# 느끼함은 가라! 뒷맛까지 깔끔한

# 김치돈가스

돈가스의 이유 있는 변신. 단백질과 지방이 주(主)인 돈가스에 야채와 김치를 넣어 말아주세요. 비타민과 섬유질을 보강시켜 아이들이 선호하는 돈가스에 영양적인 조화를 이루어줍니다. 곁들이는 양배추의 드레싱도 마요네즈보다는 요구르트를 얹어 주면 새콤달콤 더 맛있어진답니다.

### 요리재료

**재료** | 다진 김치(1/2컵), 돈가스용 돼지고기(1/3근), 청·홍피망(1/8개), 양파(1/4개), 모짜렐라 치즈(30g), 시판용 피자소스(1), 식빵(5쪽), 소금, 후추 약간씩

**튀김옷** | 튀김가루(5), 물(7)

**소스** | 시판용 돈가스 소스 적당량

**요구르트 드레싱** | 플레인 요구르트(3), 마요네즈(1), 레몬즙, 꿀 약간씩

피자소스 대신 토마토 케첩을 넣어줘도 됩니다.

### 1 재료 준비하기

돼지고기 등심은 100g씩 돈가스용으로 구입하고, 나머지 모든 재료는 네모로 굵게 다집니다. 식빵은 커터기에 살짝 돌려줍니다.

### 2 재료 볶기

썰어둔 청·홍피망, 양파, 김치를 볶다가 중간쯤 피자소스(1)를 넣고 마저 볶습니다.

### 3 돼지고기 손질하기

돈가스용으로 사온 돼지고기는 말아야 하므로 칼등으로 더 두들겨 얇게 펴준 후 소금과 후추로 약하게 간을 합니다.

### 4 돈가스 말기

손질한 돼지고기에 볶은 재료와 모짜렐라 치즈를 넣고 네모지게 말아줍니다.

### 5 옷입히기

분량대로 섞어 만든 튀김옷에 4를 담근 후 꺼내 빵가루를 입혀줍니다.

### 6 튀기기

돈가스가 두꺼워 처음부터 높은 온도에 튀기면 겉만 타므로 기름에 넣어 기포가 생길만한 온도(150℃ 정도)에서 서서히 튀겨냅니다.

빵가루를 묻힐때 꾹꾹 누르면 입자가 숨이 죽기 때문에 안되요.

먹기 직전에 소스와 함께 야채를 곁들여 냅니다. 양배추는 곱게 채썰어 물에담가 냉장보관한 후 물기를 빼고 접시에 담습니다.

# 김치로 완성하는 한국의 맛
# 김치밀전병

오래전 펄벅여사가 내한하여 극찬한 한국음식의 꽃이라고 할 수 있는 구절판을 응용한 요리입니다. 저렴한 재료비로 화려하게 식탁을 장식할 수 있으며, 김치를 응용한 요리로 만드는 사람의 개성까지 돋보이는 손님접대용 요리입니다.

### 요리재료

**재료** | 백김치(100g), 당근(60g), 오이(1개), 쇠고기(70g), 표고버섯(3개), 달걀(1개), 고운 소금(0.6)

**밀전(16장 분량)** | 밀가루(6), 김칫국물(3), 물(8)

**겨자장** | 시판용 겨자(2), 식초(1), 설탕(0.5)

**쇠고기 양념** | 간장(0.6), 설탕(0.3), 마늘, 후추, 참기름 약간씩

**표고버섯 양념** | 간장(0.3), 설탕, 참기름, 후추 약간씩

164

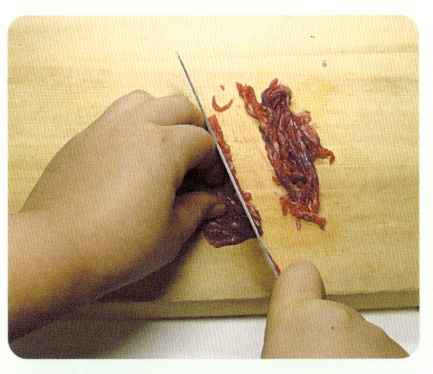

재료는 최대한 곱게 채를 썰어야
음식이 보기 좋습니다.

쇠고기는 기름기 없는 우둔살을 이용하여
결 방향대로 곱게 썰어줘야 질기지 않고
부서지지 않아 깔끔합니다.

## 1 재료 썰기
오이는 돌려깎기 하고 쇠고기는
결 방향대로, 당근과 표고버섯도 최대한
곱게 채를 썹니다. 백김치는 속을 떨지 말
고 그대로 채 썰어줍니다.

## 2 재료 절이고 양념하기
오이와 당근은 소금에 절이고 표
고버섯과 쇠고기는 분량의 양념에 버무려
둡니다.

## 3 밀전병 반죽하기
밀가루에 김칫국물과 물(3)을 먼
저 넣고 5분 정도 치대준 다음, 남은 물을
넣고 걸쭉하게 반죽한 후 체에 한번 걸러
줍니다.

## 4 달걀지단 부치기
달걀은 잘 풀어 팬에 얇게 부친 후
곱게 채 썰어줍니다.

지단은 식은 다음에 썰어야 보풀이
일어나지 않고 깨끗하게 잘 썰립니다.

## 5 밀전병 부치기
한 수저씩 떠서 약한 불에 부칩니
다.

뒤집을 때 젓가락을
사용하면 좋아요.

## 6 재료 볶기
절인 오이와 당근은 물에 헹구어
면보를 이용하여 물기를 꼭 짜두고, 달구
어진 팬에 오이 → 당근 → 표고 → 쇠고
기 순으로 볶은 후 재빨리 식혀 접시에 담
습니다.

접시에 담을 때 밝은 색엮에는 어두운 색을
배열하여 분위기가 한쪽으로 치우치지 않도록
미적 감각을 발휘합니다.

꼬들꼬들한 면발에 아삭한 김치가 환상

# 김치잡채

잔칫날에 빠지지 않은 잡채는 당면을 기본으로 하여 어떤 재료를 넣어도 어울리고 맛있죠. 당면을 퍼지지 않게 삶는 게 중요한데, 아래와 같은 방법으로 삶는다면 어디에 내놔도 자신 있는 잡채요리가 될 거예요.

요리재료

**재료** | 배추김치(100g), 당면(50g), 쇠고기(100g), 청피망(1/2개), 홍피망(1/3개), 쪽파(10뿌리), 양파(1/2개)

**당면 삶는 양념** | 물(1/2컵), 간장(2), 설탕(1)

**당면 무치는 양념** | 참기름(1), 통깨(1), 후추 약간

**쇠고기 양념** | 간장(1), 설탕(1), 참기름, 후추, 마늘 약간씩

당면이 퍼지지 않게 하는 또 다른 방법으로는 다 삶아지기 바로 직전에 참기름을 약간만 넣고 조려주는 방법이 있습니다.

잡채에 넣는 배추김치는 되도록 배쪽 부분을 사용합니다.

## 1 재료 준비하기

당면은 찬물에 불려놓고 쇠고기는 결방향대로 채 썰며, 배추김치, 청·홍피망, 쪽파, 양파는 5cm 정도의 길이로 채 썰거나 길이대로 썰어둡니다.

## 2 당면 삶기

불린 당면은 3등분으로 잘라놓고, 분량의 당면양념을 모두 넣고 끓이다가 끓기 시작하면 당면을 넣고 윤기나게 조립니다.

## 3 쇠고기와 김치 양념하기

채 썰어둔 쇠고기는 양념하여 준비하고, 김치는 참기름(0.3)을 넣어 무쳐둡니다.

## 4 재료 볶기

기름 두른 팬에 양파 → 쪽파 → 청피망 → 홍피망 → 김치 → 쇠고기 순으로 볶아 접시에 펼쳐 담아 재빨리 식힙니다.

## 5 당면 무치기

당면은 양념을 넣고 고루 섞어서 엉킨 것을 풀어줍니다.

## 6 무치기

5에 볶아둔 모든 야채와 김치, 쇠고기를 넣고 무쳐줍니다.

양파와 피망을 볶을 때는 소금을 약간씩 넣어줍니다.

잡채를 맛있게 하는 가장 중요한 단계가 삶은 당면을 무치는 과정입니다. 이때 후추와 참기름을 조금 넉넉하게 넣어 줘야 맛이 더 좋아집니다.

최종적으로 간을 확인하여 싱거우면 간장을, 단 맛이 부족하면 설탕을 약간 넣고 취향대로 무쳐줍니다.

나의 센스를 높여주는 고품격 간식

# 김치춘권

딤섬의 대표 격인 춘권에 우리가 좋아하는 입맛과 질감을 살리기 위해 김치와 모짜렐라 치즈를 넣어 만든 김치춘권입니다.
한번에 넉넉히 만들어 냉동 보관하여 두면 아이들 간식으로나 갑자기 찾아온 손님 술안주로 좋습니다. 상큼한 요구르트
드레싱이 김치의 신맛과 잘 어울리는 요리입니다.

요리재료

**재료** | 춘권피(25장), 불린 표고버섯(3개), 모짜렐라 치즈
(50g), 다진 김치(5), 달걀(1개), 식용유 약간

**표고버섯 양념** | 굴소스, 설탕 약간씩

**요구르트 드레싱** | 플레인 요구르트(3), 마요네즈(1), 레몬즙
(0.3)

표고버섯과 다진 김치는 물기를
잘 짜줘야 춘권피가 젖지 않습니다.

춘권피 마지막 끝자락에 달걀물을
발라줘야 잘 붙어 튀겨도 떨어지지 않습니다.
속은 일반만두 속을 넣어줘도 좋습니다.

## 1 재료 준비하기

불린 표고는 채 썰어 양념하여 두
고, 모짜렐라 치즈는 덩어리 된 걸로 준비
하여 5~6cm 길이로 채 썰어줍니다.

## 2 재료 볶기

기름 두른 팬에 양념해둔 표고버
섯과 다진 김치 순으로 볶아줍니다.

## 3 춘권 말기

춘권피를 마름모꼴로 펴고 2와 모
짜렐라 치즈를 넣고 말아줍니다. 이때 끝
부분에 달걀물을 약간 묻혀줍니다.

### 요리정보

**Special tip**

드레싱은 플레인 요구르트를 넣어 분량대로 잘
섞어주면 되고 포도, 딸기 등을 넣어 샐러드와
함께 곁들여내면 훨씬 멋스럽고 맛있는 요리로
탄생합니다.

## 4 튀기기

160℃의 튀김기름에 넣고 골고루
튀겨지도록 젓가락으로 저어가며 튀기다
가 노릇노릇한 색이 나면 건져 기름을 뺍
니다.

## 5 냉동 보관하기

넓은 접시나 쟁반에 가지런히 놓
아 랩을 씌워 냉동시킨 후 용기에 담아 냉
동보관합니다.

흔한 부침개는 가라! 싸 먹는 부침개

# 메밀김치전

편리한 메밀부침가루를 사용하여 김치를 넣고 간단하게 만든 부침개를 팽이버섯과 쪽파 겉절이를 곁들여 함께 싸서 먹는 별미전입니다. 만드는 방법과 재료가 간단하고 쉬워 누구나 만들어 먹을 수 있답니다.

요리재료

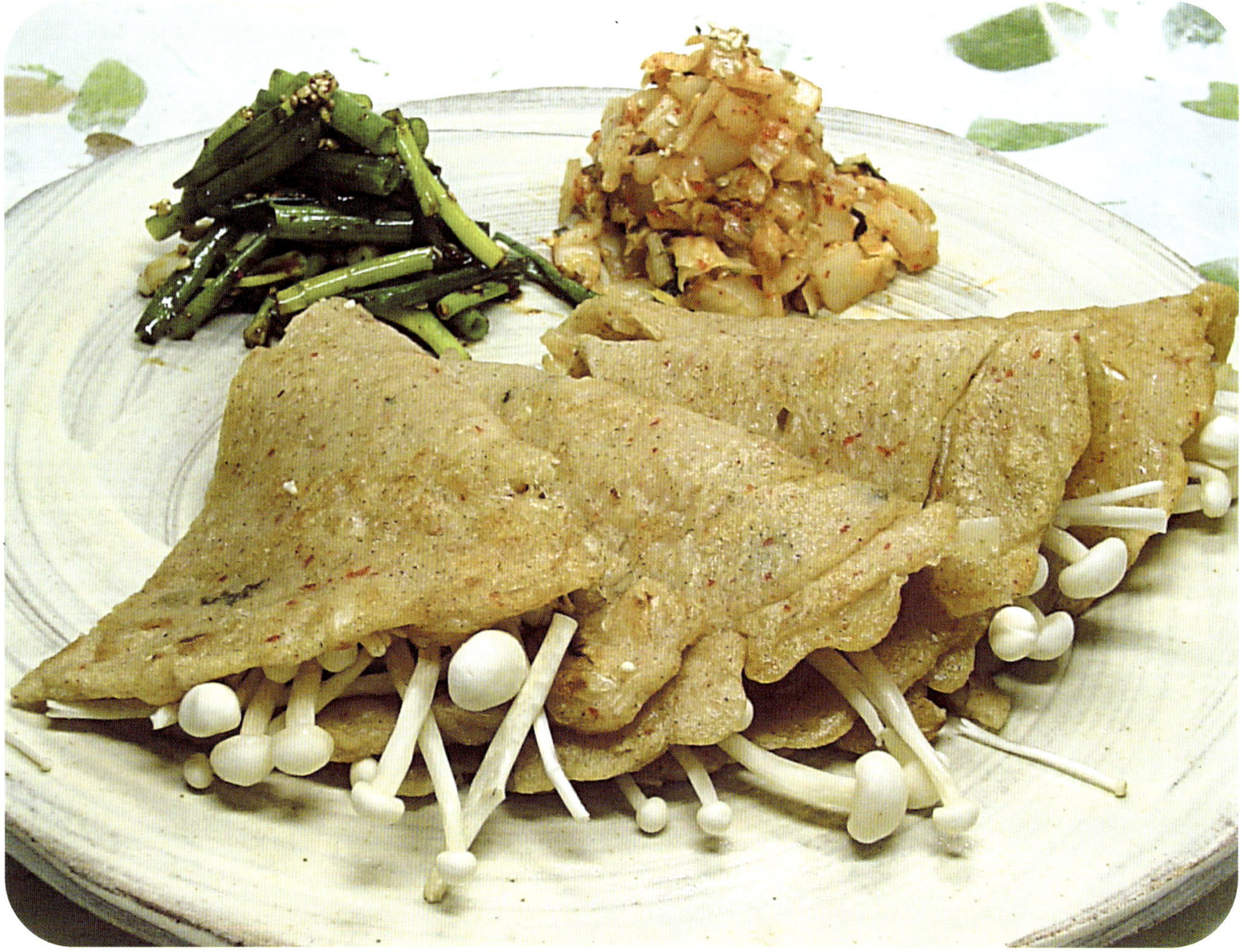

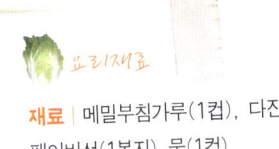

**재료** | 메밀부침가루(1컵), 다진 김치(3), 팽이버섯(1봉지), 물(1컵)

## 1 재료 준비하기

팽이버섯은 밑동을 자르고, 김치는 속을 대강 훑어내고 다져둡니다.

## 2 메밀부침가루 반죽하기

메밀부침가루와 같은 양의 물을 붓고 잘 저어서 풀어줍니다.

## 3 김치 넣기

잘 풀어진 가루에 다진 김치를 넣고 섞어둡니다.

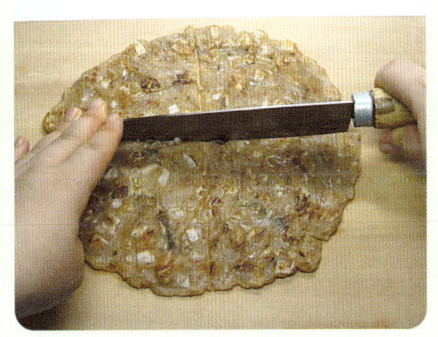

## 4 부치기

팬에 기름을 두르고 달궈지면 반죽을 얇게 펴서 부칩니다.

## 5 썰기

완성된 전은 4등분합니다.

## 6 팽이버섯 올리기

뜨거울 때 팽이버섯을 올려 부채꼴로 한 번 말아서 접시에 담습니다.

팽이버섯은 전이 뜨거울 때 올려야 뜨거운 김에 숨이 약간 죽어 먹기에 좋습니다.

쪽파겉절이(쪽파와 부추겉절이 양념),
김치무침(다진 김치에 참기름, 깨를 넣어 무침)
과 함께 곁들여 냅니다.

메밀묵과 김치의 환상궁합

# 메밀묵김치샐러드

신 김치와 텁텁한 메밀묵이 어울려 정감어린 맛을 냅니다. 새콤달콤한 드레싱을 뿌린 싱싱한 야채와 곁들여 먹으면
김치 특유의 향과 맛도 줄여주면서 신선하고 아삭한 샐러드를 맛볼 수 있습니다.

요리재료

**재료** | 메밀묵(1/2모), 배추김치(100g), 채소
취향껏, 시판용 오리엔탈드레싱(4)

모듬 채소는 쑥갓을 기본으로 부추,
홍고추, 양파 등 냉장고에있는 채소들을 모아
손질한 후 씻어 냉장보관합니다.

## 1 재료 준비하기
100% 메밀묵과 배추김치, 모듬 채소를 준비합니다.

## 2 묵 썰기
묵은 반으로 갈라 5cm 길이와 1cm 두께로 썹니다.

## 3 배추김치 손질하기
배추김치는 대 쪽으로 준비하여 넓으면 길이로 반 가릅니다.

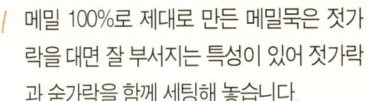

## 4 그릇에 담기
완성그릇에 메밀묵 → 김치 순으로 담습니다.

## 5 완성하기
메밀묵과 김치 위로 모듬 채소를 올리고 시판용 오리엔탈드레싱을 고루 뿌려주면 완성입니다.

**Special tip**

### 영양정보 - 메밀

1 메밀 100%로 제대로 만든 메밀묵은 젓가락을 대면 잘 부서지는 특성이 있어 젓가락과 숟가락을 함께 세팅해 놓습니다.

2 메밀은 성질이 찬 음식에 속합니다. 체내에서 열을 내려주고 염증을 가라앉히며 배변을 용이하게 해주며, 루틴이라는 성분이 혈관을 강화 확장시키며 고혈압이나 콜레스테롤 수치 저하에도 효과가 있습니다. 하지만 한방의서에 보면 소화기능이 약하고 몸이 차가운 사람은 메밀의 섭취를 피하는 것이 좋다고 기록되어 있습니다.

쫄깃하고 아삭한 죽 먹어보셨나요?

# 바지락 김치죽

바지락의 시원한 국물과 신 김치가 어울려 입맛이 없는 환자와 숙취해소에 좋으며, 씹히는 맛이 없어 죽을 싫어하는 사람도
쫄깃한 바지락 살과 아삭하게 씹히는 김치에 반해버릴 맛입니다.

요리재료

**재료** | 불린 쌀(2/3컵), 바지락(1봉지),
다진 김치(2), 부추(10줄기), 참기름
(1), 소금 약간

174

조갯살은 오랫동안 끓이면
질겨지므로 오래 끓이지 않도록
주의합니다.

소화하기 힘든 환자라면 불린 쌀도 절구에
한번 찧어서 사용하고 바지락살, 김치,
부추도 아주 곱게 다져서 넣습니다.

## 1 바지락 국물내기

바지락은 깨끗이 씻어 찬물에서부터 넣어 끓여 바지락 입이 벌어지면 꺼내고, 국물은 체에 한번 걸러서 준비합니다.

## 2 재료 준비하기

바지락은 살만 발라놓고 김치는 씻어 다지며, 부추는 1cm 길이로 썹니다. 쌀은 씻어 1시간 이상 불려 준비합니다.

## 3 불린 쌀 볶기

냄비에 쌀과 참기름을 넣고 볶다가 김치를 넣고 1~2분 정도 더 볶아줍니다.

## 4 끓이기

3에 바지락 국물을 붓고 끓이다 끓기 시작하면 약·중간 불로 줄여 뭉근히 저어가면서 쌀이 퍼질 때까지 끓입니다.

## 5 바지락살 넣기

쌀이 퍼지면 바지락 살을 넣고 30초 정도 후에 불을 끕니다.

## 6 부추 넣기

불을 끈 후 썰어둔 부추를 넣고 잘 섞어줍니다.

물양은 불린 쌀의 5배,
생 쌀의 7배로 잡으면 됩니다.

간은 맨 마지막에 하거나
먹기 직전에 합니다.

# 만두의 새로운 맛을 발견하다
## 새우김치만두

담백한 크림 치즈와 새우의 고단백질, 그리고 김치의 신선함이 어울려 김치를 싫어하는 아이들 영양 간식으로 아주 좋습니다.
담근 매실청을 소스로 찍어먹으면 달콤하고 신 맛이 어울려 색다른 온 가족 간식거리가 된답니다.

**요리재료**

**재료** | 칵테일새우(150g), 게맛살(4개), 냉동
만두피(1팩), 다진 김치(5), 마요네즈(3),
마늘 크림치즈(3), 식용유 약간

**소스** | 담근 매실청(2)

## 1 만두소 재료 준비하기

새우와 김치는 다지고 게맛살은
결대로 찢어 준비합니다. 다진 김치는 손
에 쥐어 물기를 꼭 짭니다.

## 2 만두소 만들기

1에 분량의 마요네즈와 크림치즈
를 넣고 섞어줍니다.

## 3 만두 빚기

냉동 만두피는 미리 꺼내어 해동
시키고, 소의 크기는 반큰술 정도로 너무
많이 넣지 않습니다.

## 4 만두 빚기2

반으로 접어 공기를 빼 준 후 만두
피와 피가 잘 붙도록 손으로 만져줍니다.

## 5 만두 튀기기

튀김기름에 소금을 넣었을 때 중
간쯤 내려가다 떠오르는 정도(180℃)에
서 노릇노릇하게 튀겨냅니다.

도시락 반찬의 영원한 아이템

# 신 김치달걀말이

전 국민이 좋아하는 반찬중 하나인 달걀말이는 과거와 현재가 함께 존재하는 음식으로 세대구분 없이 좋아하는 반찬이죠.
신 김치와 파를 듬뿍 넣어 두껍게 부쳐내면 한 끼 밥반찬으로 푸짐하게 내놓을 수 있습니다.

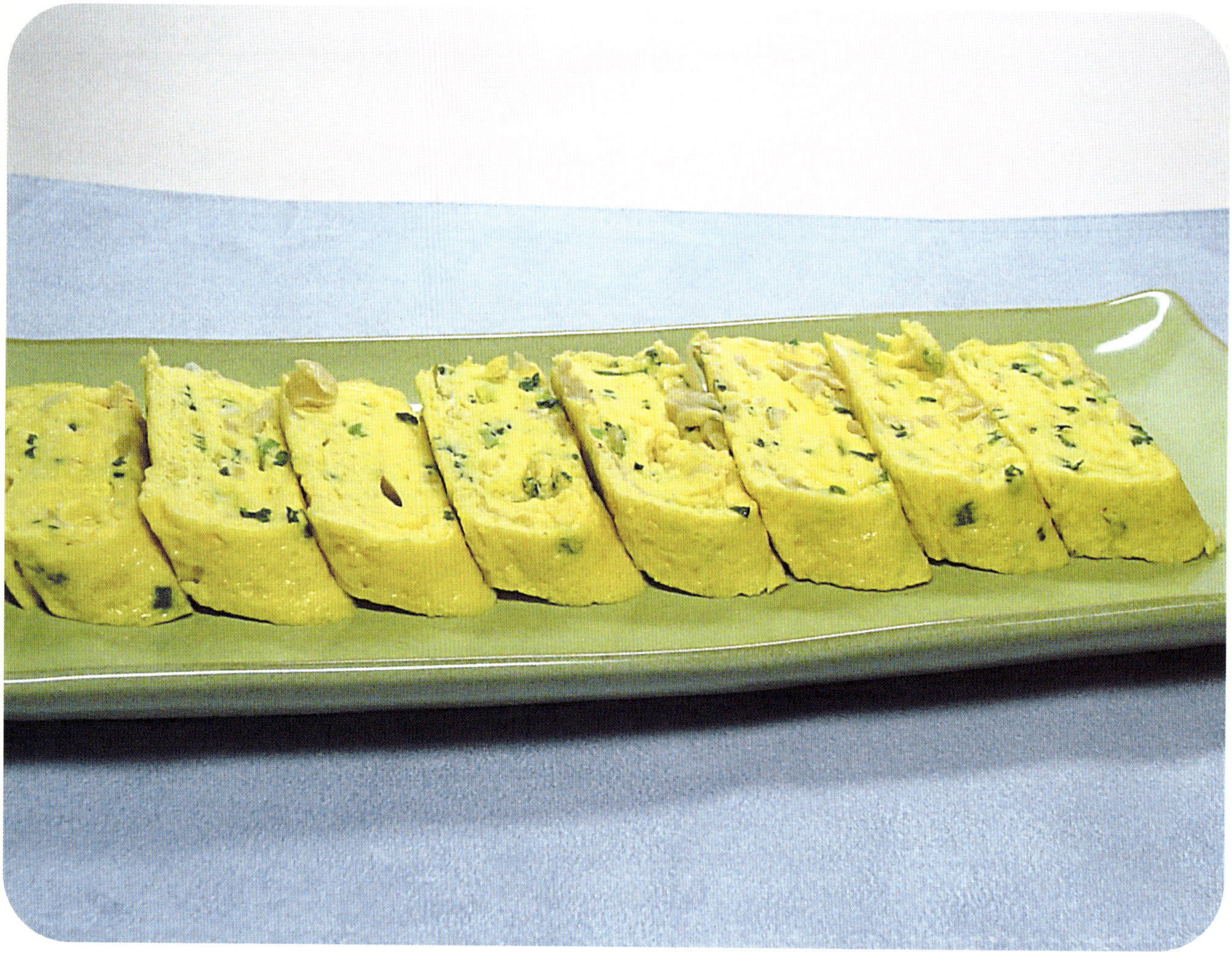

**재료** 달걀(6개), 묵은 김치 다진 것
(2), 쪽파(2뿌리), 설탕, 소금 약간씩

178

달걀을 풀 때 설탕을 넣어주면 단백질
응고를 더디게 하여 달걀말이를 부드럽게
먹을 수 있습니다.

## 1 재료 준비하기

신 김치는 양념을 털어내어 곱게 다지고 쪽파는 송송 썰어둡니다.

## 2 달걀풀기

달걀은 설탕과 소금을 넣고 풀어준 뒤 다진 신 김치와 쪽파를 넣고 섞습니다.

## 3 달걀 부치기

달궈진 팬에 불을 약하게 해놓고 달걀 절반을 팬에 부어줍니다.

## 4 달걀 부치기 2

위 표면이 굳기 전에 접어주고, 남은 양의 절반을 붓은 뒤 또 접어주고, 익혀서 마지막으로 한번 더 과정을 되풀이합니다.

## 5 달걀 부치기 3

달걀이 두꺼워 안 익을 수 있으므로 불이 닿지 않은 면을 돌려가며 골고루 익혀줍니다.

## 6 달걀썰기

한 김 나가면 칼을 약간 어슷하게 하여 썰어줍니다.

빵칼을 이용해서 썰면
잘 썰어집니다. 한 김 나간 뒤 썰어야
깨끗하게 절단할 수 있습니다.

# 5분 안에 만드는 초간단
# 알타리무 유부초밥

간단히 밥을 먹고 싶거나 소풍을 나갈 때 만들어 먹으면 좋을 초간편 유부초밥입니다. 알타리무김치가 없다면 배추김치 대 쪽을 이용해도 좋고 깍두기나 섞박지를 다져 넣어도 좋습니다.

**재료** | 알타리무김치(50g), 밥(300g), 시판용 유부(1봉지)

**요리정보**

**Special tip**

1  유부를 너무 세게 짜면 간이 다 빠져 퍽퍽하면서 양념 맛이 덜하며 잘 찢어지기 쉬우니 살살 짜줍니다.

2  따뜻한 밥에 초밥초를 넣고 섞을 때는 재빨리 식혀줘야 수증기가 날아가 밥이 질어지지 않습니다.

## 1 재료 준비하기와 알타리무김치 다지기

시판용 유부와 밥, 알타리무김치를 준비하고 알타리무는 무만 잘게 다집니다.

## 2 초밥 만들기

뜨거운 밥에 시판용 유부에 들어있는 초밥초를 넣어 재빨리 식혀가면서 섞어주고, 다져둔 알타리무김치와 깨를 넣고 함께 버무립니다.

## 3 유부초밥 만들기

유부는 물기를 빼고 양손바닥을 이용하여 살짝 짜준 뒤 초밥을 넣어 완성합니다.

숙취에도, 야식으로도 좋은
# 김치콩나물국밥

시원한 바지락국물과 콩나물이 숙취해소에 좋을 뿐만 아니라, 밥 양을 줄이고 콩나물을 넉넉히 넣으면 야식으로도 안성맞춤인 일품요리입니다.

**요리재료**

**재료** | 배추김치(100g), 콩나물(200g), 밥(300g), 구운 김(1/2장), 실파(1대)

**국물** | 바지락(1봉지), 물(4컵), 소금, 액젓, 다진 마늘(0.3)씩, 청장 약간

바지락은 찬물에서부터 넣고 끓여 벌어지면 바로 건져야 조갯살이 질겨지지 않아 좋습니다.

콩나물을 삶을 때눈, 중간에 냄비 뚜껑을 열면 콩 비린내가 나므로 중간에 열지 않도록 주의합니다.

**1** **바지락 육수 만들기**
해감하여 잘 씻은 바지락을 찬물에서부터 넣고 끓여 바지락이 벌어지면 바지락만 건져 껍질을 버리고 남은 육수는 고운체에 걸러 불순물을 제거합니다.

**2** **콩나물 삶기**
씻어둔 콩나물과 채 썬 배추김치, 다진 마늘을 바지락 육수 냄비에 넣고 뚜껑을 덮은 후 3분 30초 정도 삶아 소금, 청장, 액젓으로 간을 맞춥니다.

**3** **뚝배기에 담기와 끓이기**
뚝배기에 밥을 담고 콩나물 건지를 밥 위로 담아준 후, 바지락 살을 올리고 한소끔 끓여줍니다. 불에 내리기전에 김가루와 다진 쪽파를 뿌려줍니다.

웰빙 돼지목살과 배추김치의 찰떡궁합

# 제육볶음

돼지고기와 신 김치는 찰떡궁합으로 삼겹살과 불판에 함께 구워도 맛있지만, 제육볶음에 김치를 함께 넣고 볶으면 돼지고기의 구수함과 매콤한 양념장, 신 맛의 아삭한 배추김치가 어우러져 어느 재료하나 튀지 않고 조화로운 맛을 느낄 수 있습니다. 덮밥으로도 활용 가능한 요리입니다.

**요리재료**

**재료** | 돼지고기 목살(2/3근), 배추김치(100g), 당근(30g), 대파(1대), 홍고추(1개), 깻잎(10장), 불린 표고버섯(3개), 청주(2)

**양념장** | 고추장(4), 고춧가루(0.5), 간장(1), 참기름, 깨(1), 마늘(2), 생강(0.5), 후추 약간

## 2 부재료 썰기
배추김치는 속을 털어내고 반으로 갈라 2~3등분하고, 홍고추는 어슷 썰기, 대파는 길이로 반 갈라 5cm길이로 썰고, 당근, 표고, 깻잎도 비슷한 크기로 썹니다.

## 1 돼지고기 썰기
돼지고기는 목살로 준비해 한입 크기로 썬 뒤 청주(2)를 넣어 버무려둡니다.

## 3 양념장만들기
분량대로 재료를 섞어 양념장을 만듭니다.

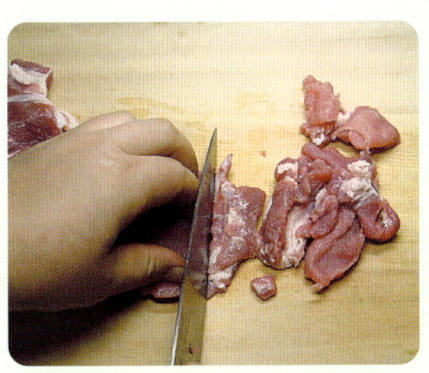

## 4 고기 버무리기
1에 양념장 반을 넣고 간이 잘 배도록 손으로 주물러 버무립니다.

## 5 야채 버무리기
깻잎을 제외한 야채와 김치를 4에 넣고 고루 버무려줍니다.

## 6 볶기
기름 두른 팬이 뜨거워지면 5를 넣고 볶습니다. 익으면 불을 끄고 깻잎을 넣어 마무리합니다.

# 두부가 통이다! 고품격 술안주
# 통 두부김치

누워있던 두부를 일으켜 세우는 요리로 두부를 통째로 팬에 지지기 때문에 물에 데칠 때보다는 고소한 맛을 더 느낄 수 있습니다. 함께 곁들여 먹는 김과 깻잎이 김치의 신맛을 더욱 신선하게 해줍니다.

요리재료

**재료** | 두부(1모), 김치찌개용 김치(1/2컵),
깻잎(5장), 구운 김(1/2장)
**김치양념** | 설탕, 참기름(0.3)씩, 깨 약간

184

두부는 물기를 반드시 제거하고
조리하여야 기름이 튀지 않아 안전하고
가스레인지 주변도 깨끗하게 쓸 수 있답니다.

김치 대신에 파나 부추를 넉넉히 썰어
넣은 간장양념에 살짝 볶은 팽이버섯을
올려 함께 먹어도 좋습니다.

## 1 두부 물기 제거하기

두부는 키친타월로 물기를 제거
해 줍니다.

## 2 깻잎 썰기

깻잎은 곱게 채 썰어 물에 2번 정
도 헹굽니다.

## 3 김치 양념하기

분량의 양념을 넣고 김치를 버무
려 줍니다.

## 4 두부 지지기

물기를 제거한 두부의 6면을 고루
돌려가면서 노릇노릇하게 지집니다.

## 5 김치 볶기

김치는 팬에 재빨리 볶아줍니다.

김치는 이미 오랜시간
끓여놓은 것이므로 살짝만 볶아줍니다.

## 6 완성하기

4를 그릇에 담아 칼집을 넣는데
2/3정도까지만 넣습니다. 김치와 가위로
자른 김을 올려준 후 깻잎은 물기를 제거
해 두부 옆에 곁들여냅니다.

세 가지 맛이 한입에 쏙

# 파김치전

김치전과 파전의 맛을 동시에 느낄 수 있는 전입니다. 파전은 크게 부치지만 파김치전은 파가 질기고 숨이 죽어 모양이
살지 않으므로 썰어서 한입 크기로 부쳐냅니다. 오징어를 넉넉하게 넣어야 감칠맛이 좋답니다.

요리재료

**재료** | 파김치(200g), 오징어(1마
리), 부침가루(2컵), 물(1컵), 홍고
추(1개), 식용유 약간

오징어 껍질을 머리 부분에 칼집을 넣고
마른 행주로 살살 벗겨주면
쉽게 벗겨집니다.

파김치는 소금기로 인해 질기므로
반드시 잘라서 넣고 작게 부쳐야 먹기에
편하답니다.

## 1 재료 준비하기

잘 익은 파김치를 준비하고 오징어는 내장을 뺀 후 손질하여 잘게 썰어둡니다.

## 2 반죽하기

부침가루에 물을 넣고 반죽합니다.

## 3 파김치 썰기

파김치는 가위를 이용하여 알맞은 길이로 잘라줍니다.

## 4 재료 반죽하기

2에 자른 파김치와 오징어를 넣고 버무려줍니다.

## 5 김치전 부치기

기름 두른 팬에 반죽을 한 수저씩 떠서 놓은 뒤 앞뒤로 노릇노릇하게 지져냅니다.

집에서 만나는 패밀리 레스토랑 메뉴

# 해물김치볶음밥

유명한 패밀리레스토랑의 인기 메뉴를 그대로 옮겨 놓은 요리입니다. 식은 밥의 해결사일 뿐만 아니라 김치를 싫어하는 아이들도 무척 좋아하는 메뉴랍니다. 일요일 점심 식사에 예쁜 그릇에 담아 내어 보세요.

요리재료

**재료** | 다진 김치(100g), 오징어링(7개), 깐 새우(50g), 양파(40g), 피망(1/4개), 당근(10g), 불린 표고버섯(1개), 청양고추(1개), 마늘(0.3), 버터, 소금, 후추, 참기름 약간씩

매운걸 못 먹는 아이들에게는 청양고추를 빼고 김치를 씻어서 넣어줍니다.

식은 밥을 이용할경우 식용유를 약간 넣고 전자레인지에 1분 30초 정도 돌려준 후 볶으면 더욱 편해면서 맛있게 볶을 수 있습니다.

## 1 재료 손질하기
오징어는 링모양으로 썰고, 양파, 당근, 피망, 불린 표고는 1cm×1cm로 썹니다. 마늘과 청양고추는 다져둡니다.

## 2 해물과 야채 볶기
팬에 버터를 녹여 마늘과 청양고추를 볶다가 해물을 넣고 80% 정도 익으면 김치와 야채를 넣고 볶아줍니다.

## 3 밥 넣고 볶기
마지막으로 밥을 넣어 소금과 후추로 간을 하고 조금 더 볶다가 불을 끈 후 참기름을 살짝 둘러줍니다.

김치찌개 전문점 맛을 그대로 재현한

# 꽁치김치찌개전골

통조림 꽁치를 이용하여 간단하면서도 푸짐하게 먹을 수 있는 김치전골입니다. 사리로 라면이나 떡국 떡을 넣어 함께 끓여 어울립니다. 특히 휴가지에서 끓여 먹으면 간편할 뿐만 아니라 그 맛도 환상적이랍니다.

 요리재료

**재료** | 꽁치 캔(1개), 김치찌개용 김치(1컵), 두부(1/4개), 홍고추(1/2개), 팽이버섯(1/2봉지), 양파(1/4개), 대파(1/2대), 멸치육수(4컵), 고운 소금(0.3), 다진 마늘(0.5)

요리정보    **Special tip**

1 김치찌개 김치는 오랫동안 푹 끓여야 맛이 좋으므로 꽁치와 처음부터 끓이지 말고 김치찌개용 김치를 따로 만들어 놓고 끓이면 꽁치도 부서지지 않고 깔끔한 국물을 먹을 수 있습니다.

2 묵은 지가 너무 시거나 냄새가 나면 신 김치와 햇 김치를 반반씩 섞어 찌개용 김치로 만듭니다.

**1 재료 손질하기**
꽁치는 국물을 빼 준비하며, 두부는 0.8cm 두께의 직사각형으로 썰고, 대파와 홍고추는 어슷썰기 합니다. 팽이는 밑동을 잘라냅니다.

**2 전골냄비에 담기**
1의 재료들을 돌려 담고 김치찌개용 김치를 가운데에 담아 팽이버섯을 올려줍니다.

**3 끓이기**
멸치육수에 간을 하여 다 붓지 말고 2/3정도 붓고 끓이다가 먹으면서 나머지 국물을 부어줍니다.

# 한겨울 저녁식탁이 걱정될 때
# 호박김치고등어조림

늙은 호박을 큼직하게 썰어 담근 호박김치에 신선한 고등어를 넣어 조린 것으로, 달고 매운 조림과는 달리 김치와 호박의
시원하고 개운한 맛을 느낄 수 있는 조림 요리입니다.

**요리재료**

**재료** | 고등어(1마리), 호박김치(200g), 양파
(1/2개), 홍고추(1개), 청양고추(2개), 대파
(1/2개)

**양념장** | 물(1/2컵), 고춧가루(1.5), 다진 마
늘(1.5), 다진 생강(0.5), 후추 약간

고등어는 눈알이 투명하고 비늘에 윤기가 있는 것으로 구입해 배를 갈라 내장을 빼내고 깨끗이 씻은 후 4~5cm 길이로 어슷썹니다. 고등어를 씻을 때 쌀뜨물에 소금을 약하게 타서 씻으면 비린내가 제거됩니다.

물 대신 쌀뜨물을 넣으면 비린내를 없애줍니다.

## 1 재료 준비하기

신선한 고등어를 구입시 조림용으로 손질해옵니다.

## 2 부 재료 썰기

대파, 청양고추, 홍고추는 어슷썰기하고 양파는 굵게 썹니다. 마늘과 생강은 다져서 준비합니다.

## 3 양념장 만들기

분량대로 양념장을 만듭니다.

## 4 냄비에 담기

전골냄비에 호박김치를 깔고 고등어를 올립니다.

## 5 양념장 끼얹기

4를 가스레인지에 올리고 양념장을 고루 끼얹어 뚜껑을 덮고 끓기 시작하면 불을 중간 불로 하여 15분 정도 끓입니다.

## 6 야채 넣기

고등어와 호박이 어느 정도 익으면 나머지 재료를 넣고 한소끔 더 끓여줍니다.

고등어나 꽁치와 같은 등 푸른 생선에 설탕을 넣고 조리면 비린맛이 더 나므로 넣지 않는 게 좋습니다.

늙은 호박이 익을 때까지 끓이려면 중간 불에서 오랜시간 끓여줘야 합니다.

양파와 대파 등은 익는 시간이 짧아 요리 중간에 넣어줍니다.

"저희 태평염전은 청정해역인
전남 신안군 보물섬 증도에 위치한 140만평의 국내 최대 단일염전으로서
천혜의 미네랄이 듬뿍 담긴 천연자연소금을 생산하고 있습니다.
태평염전은 장인정신으로 지속적인 연구를 통해
고품질의 소금을 생산, 신뢰받는 기업으로 성장해 나갈 것입니다."

## 연구하는 기업

태평염전은 보다 고품질의 소금을 고객에게 공급하고자
국립 목포대학교 천일염 생명과학연구소와 협력, 끊임없이 연구하고 있습니다.
NaCl성분을 낮추고 건강에 꼭 필요한 미네랄 함유량을 높인 맛있는 소금개발에 항상 노력하고 있습니다.

## 장인정신의 기업

태평염전은 천일염의 전통을 이어간다는 자부심으로 천일염을 생산하고 있습니다.
또한 해마다 소금장인을 선정하여 장인정신을 계승, 발전시키고 있습니다.
소금장인 서정진님은 약 20년간 태평염전에서 천일염 생산에 전념해 오신 분입니다.
서정진님과 같은 많은 소금장인이 있었기에 태평염전이 50년 이상 한결같은 마음으로
최고 품질의 천일염을 생산할 수 있었습니다.

## 정직한 기업

태평염전은 오직 청정해수와 햇빛, 바람, 그리고 소금장인들의 신념과 열정으로 천일염을 만들고 있습니다.
엄격한 품질관리를 통해 고품질의 천일염만을 고객 여러분께 제공합니다.

풍부한 미네랄이 김치를 더욱 아삭아삭하게,
김치의 깊은 맛을 살려주는 /천/일/염/
태평 천일염에는 마그네슘을 비롯한 다양한 미네랄이 들어있습니다.
이 마그네슘은 김치의 아삭거리는 느낌을 오랫동안 유지시켜 김치가
쉽게 물러지지 않습니다.

1년간 간수를 제거하여 쓴맛이 없고
깔끔한 맛을 지닌 /천/일/염/
태평 천일염은 1년간 소금창고에서 간수를 제거하여 쓴맛이 없고
깔끔한 맛을 지녔습니다.

전남 신안군 청정해역에서 햇빛과 바람,
그리고 소금장인들의 열정으로 만드는 전통 /천/일/염/
태평 천일염은 소금장인들이 오직 맑은 바닷물과 햇빛, 바람으로 만들어
믿을 수 있습니다.
장인의 자부심으로 고품질의 천일염만을 고객에게 제공합니다.

태평염전의 위성사진 1

태평염전의 위성사진 2

태평염전의 자연노을

태평염전의 전경